Der Arbeiternachwuchs
in der
deutschen Maschinenindustrie

von

Dipl.-Ing. Dr. rer. pol. E. W. Seyfert

Berlin
Verlag von Julius Springer
1920

ISBN-13:978-3-642-90404-2 e-ISBN-13:978-3-642-92261-9
DOI: 10.1007/978-3-642-92261-9

Vorwort.

Seit der Zeit, da das Handwerk Klagen erhoben hat, daß es die Ausbildung der gelernten Facharbeiter für die Industrie allein zu besorgen habe, hat die Frage des Arbeiternachwuchses für die Industrie in immer weiteren Kreisen an Interesse gewonnen. Hierbei wurden zunächst nur die gelernten Arbeiter berücksichtigt, erst später trat die Sorge für die ungelernten Arbeiter, die Meister und zuletzt für die angelernten Arbeiter hinzu. In der vorliegenden Arbeit sind die Verhältnisse geschildert, wie sie sich in einem der wichtigsten Zweige der Industrie, der der Maschinen, darstellen.

Für Überlassung von Material bin ich zu Dank verpflichtet der Maschinenfabrik Thyssen & Co. A. G., Mülheim (Ruhr), der Maschinenfabrik Augsburg-Nürnberg-A. G., Nürnberg, der Ludwig Löwe-A. G., Berlin, der Robert Bosch-A. G., Stuttgart, sowie Herrn Fortbildungsschuldirektor Feddeler-Mülheim (Ruhr). Für Anregungen danke ich den Herren Direktor Dr.-Ing. E. Roser-Mülheim (Ruhr), Betriebsdirektor Dipl.-Ing. H. Roser-Mülheim (Ruhr), Prof. Dr. Fuchs-Tübingen, Prof. Dr. Stephinger-Tübingen.

Würzburg, September 1919. **Seyfert.**

Inhaltsverzeichnis.

Seite

Die Lehrlingsausbildung im Handwerk und der Übergang zur Industrie . . . 1

I. Facharbeiter (Lehrlinge) 5

1. Einstellung 5

a) Bedarf 5

Handwerk — Industrie? 5

Die Berufe und deren Anteil 9

Prozent der Facharbeiter 13

b) Auswahl 16

Alter 16

Vorbildung 18

Herkunft 19

c) Lehrverhältnis 21

Lehrvertrag 21

Lehrzeit 26

Probezeit 28

Einstellungstermine 28

Lehrgeld 29

Entlohnung 30

2. Ausbildung 32

a) Praktische Ausbildung 32

Ausbildung nur im Betrieb 32

Nur Lehrwerkstatt 33

Erst Lehrlingsabteilung, dann Betrieb 35

Lehrer und Leitung 37

Unterrichtsfächer und Lehrplan 38

b) Theoretische Ausbildung 41

Öffentliche Fortbildungsschulen 41

Werkschule 42

Verbindung beider Arten 44

Lehrer und Leitung 45

Klasseneinteilung 48

Zahl und Lage der Unterrichtsstunden 51

Unterrichtsfächer und Lehrplan 53

Lehr- und Lernmittel 57

c) Erziehungsmittel 57

Löhne 57

Prämien 58

Disziplin und Strafen 59

Spareinrichtungen 59

Seite

d) Jugendpflege 60
Berufs- und Elternberatung 60
Ärztliche Beratung 61
Turnen und Sport 61
Büchereien 63
Vereine und Heime 63
e) Abschluß der Lehrzeit 65
Regelrechte Gesellenprüfung 65
Teilweise Prüfung 69
3. Weitere Verwendung der ausgelernten Facharbeiter 70
II. Ungelernte Arbeiter 71
Bedarf 71
Unterricht 73
III. Angelernte Arbeiter 77
Bedarf 77
Auswahl 79
Ausbildung 79
IV. Meister (Vorarbeiter) 81
Bedarf 81
Auswahl 83
Ausbildung 83
V. Entwicklungsmöglichkeiten 87
Facharbeiter oder Angelernte? 87
Hebung des Bildungsgrades 91
Auswahl der Besten und Ausscheiden der Untüchtigen . . . 96
Schluß. Zusammenfassung 99
Literatur 101

Die Lehrlingsausbildung im Handwerk und der Übergang zur Industrie.

Schon frühzeitig setzte sich im Handwerk eine systematische Sorge für die Ausbildung des Nachwuchses an handwerksmäßig ausgebildeten Kräften durch. Die Zahl der in Frage kommenden Leute war hierbei vor allem zu der Zeit, da das Zunftwesen blühte, bestimmt festgesetzt. Nicht nur die Erlaubnis zum selbständigen Betrieb eines Handwerks mußte erteilt werden, es wurde sogar bestimmt, wie viele Gesellen und Lehrlinge jeder Handwerksmeister halten konnte und zu bestimmten Zeiten halten mußte. Die Ausbildung in den notwendigen Kenntnissen, die vor allem in Handfertigkeiten bestanden, war Sache des Meisters, der Rechenschaft abzulegen hatte, ob der Junge etwas Ordentliches bei ihm lernte, und dem unter Umständen die Erlaubnis zur Heranbildung von Lehrlingen entzogen werden konnte. Das wichtigste Merkmal ist dabei, daß jeder Lehrling ein werdender Geselle und jeder Geselle ein werdender Meister war. Schwierigkeiten konnten sich dadurch ergeben, daß, freie Konkurrenz vorausgesetzt, jeder Lehrling, sofern er nicht der Sohn des Meisters war, späterhin dessen Konkurrent werden konnte und daß infolgedessen vermieden wurde, ihm allzuviel Kenntnisse beizubringen. Schon aus diesem Grunde empfahl sich eine scharfe Überwachung der Ausbildung.

Im Laufe der Jahrhunderte fand allmählich eine gewaltige Verschiebung statt. Nicht jeder Geselle hatte mehr die Aussicht, sich als Handwerksmeister selbständig machen zu können, die Zahl der Meister nahm im Verhältnis zu der der Gesellen und Lehrlinge immer mehr ab. Noch mehr verschob sich das Bild bei der Industrie, die aus dem Handwerk hervorgegangen ist. Die Zahl der Meister in der Industrie ist im Verhältnis zu der der Gesellen und Lehrlinge sehr klein. Auch in den ersten Jahren und Jahrzehnten der Industrie lag die Ausbildung des Nachwuchses für beide, Handwerk und Industrie, gemeinsam nur beim Handwerk, insbesondere also für die Maschinenindustrie beim Schlosserhandwerk. Die ausgebildeten Facharbeiter gingen nach abgelegter Gesellenprüfung, mitunter aber auch schon vorher, in die Industrie über, angelockt durch die dort übliche höhere Bezahlung. Allmählich konnte das Handwerk den Bedarf der stark gewachsenen Industrie nicht mehr decken. Die Industrie ging, wenn sie weitsichtig war, selbst zur Ausbildung von Lehrlingen über oder half sich auf irgendeine andere Weise. Aus jener Zeit stammen die noch heute vom Handwerk oft erhobenen Klagen, daß es allein die Kosten für die Lehrlingsausbildung der Industrie tragen müsse. Während aber früher diese Behauptung richtig war, kann man dies heute nicht mehr sagen,

Vergleicht man Lehrlinge, Gesellen und Meister des Handwerks mit den Leuten, die in der Industrie die entsprechende Tätigkeit ausüben, so findet man, daß eine weitgehende Artbeitsteilung Platz gegriffen hat, so daß in der Industrie verschiedene Gruppen von Leuten die Arbeit verrichten, die im Handwerk nur einer Gruppe zugeteilt war. Für die Arbeiten der Lehrlinge des Handwerks ergibt sich in der Industrie folgende Dreiteilung:

1. Die Lehrlinge zur Erlernung der reinen Facharbeiten.
2. Hilfsarbeiter für die Arbeiten, die getan werden müssen, zur fachlichen Ausbildung aber nicht notwendig sind und, da sie die Erlernung der Fachkenntnisse verzögern und hindern, besser getrennt ausgeübt werden.
3. Dienstboten für die häuslichen Verrichtungen.

Daß eine Verwendung des Lehrlings zu Handlanger- und Hilfsarbeiterdiensten in umfangreichem Maße stattfand, geht schon daraus hervor, daß bei den Beratungen, die von der Industrie über die Ausbildung von Lehrlingen abgehalten wurden, ausdrücklich eine Bestimmung festgelegt wurde, nach der die Verwendung von Lehrlingen für diese Dienste unter allen Umständen zu vermeiden sei[1]).

Im Handwerk ist eben der Lehrling zunächst die Hilfe des Gesellen und muß als solche die Hilfsarbeiten ausführen.

Die Verwendung des Handwerkslehrlings zu häuslichen Gängen und Dienstbotenverrichtungen liegt nahe und ist bekannt. Über seine eigene Lehrzeit berichtet ein Meister folgendes[2]):

---

[1]) Abhandlungen und Berichte über technisches Schulwesen, herausgegeben v. Deutschen Ausschuß für technisches Schulwesen 1912. Bd. 3, S. 303.

[2]) Sitzungsbericht des Deutschen Ausschusses für technisches Schulwesen. Abhandl. usw. 1912. Bd. 3. S. 263.

„Die Gründlichkeit, mit welcher die Industrie die von ihr angenommenen Lehrlinge ausbildet, steht in schroffem Gegensatz zu dem, was ich am eigenen Leibe erfahren habe, denn ich lernte unter gar schlimmen Verhältnissen bei einem kleinen Handwerksmeister. Daraus erklärt sich auch die heutige allgemeine Strömung schulentlassener Knaben zum Eintritt in die Fabriken.

Der Lehrling bei einem kleinen Meister wird zu Verrichtungen herangezogen, die ein Lehrling in Fabrikbetrieben gar nicht kennt. Der Lehrling bei einem Meister muß vielfach Kindermädchen oder Hausmädchen ersetzen. Das erste Jahr geht herum mit Botendienst, Bierholen, Hausarbeit, und dies dauert so lange, bis im nächsten Jahr ein anderer Glücklicher ihn in dieser geistfördernden Arbeit ablöst. Bei manchen Berufen ist es von jeher Gebrauch gewesen, den Lehrling das erste Jahr überhaupt nicht an die Bank zu lassen. Der Industrielehrling erhält aber gleich am ersten Tage seinen Arbeitsplatz, er hat also gar keine Zeit, das Bummeln zu lernen, das den Grundstein zum Drückeberger legt. Heute ist es ja etwas besser geworden. Der Lehrling genießt mehr gesetzlichen Schutz und Staat und Gemeinde wirken auf Vervollkommnung der Lehrlingsausbildung hin."

Der Vorteil, der sich aus dieser Verwendung des Lehrlings ergeben könnte[3]), ist mehr als zweifelhaft. Die Überlegenheit der Fabriklehre gegenüber der Handwerkslehre wird deshalb auch von seiten des Handwerks anerkannt[4]).

Bei den Handwerksgesellen ergibt sich ebenfalls, daß ihnen in der Industrie drei Gruppen von Leuten entsprechen.

1. Facharbeiter, d. h. Leute, die, um ihre Tätigkeit ausüben zu können, eine geordnete Ausbildung durchgemacht haben müssen und ohne diese Ausbildung ihre Tätigkeit nicht verrichten können.

2. Angelernte Arbeiter, d. h. Leute, die bestimmte, sich dauernd wiederholende Teilarbeiten beigebracht erhalten haben und nur diese eine Arbeit ausführen. In den meisten Fällen handelt es sich hierbei um die Bedienung von Werkzeugmaschinen, die auf Grund einer kurzen, nur auf diesen einen Fall zugeschnittenen Unterweisung ausgeübt werden kann,

3. Hilfsarbeiter, d. h. Leute, die alle Arbeiten verrichten, zu der eine Ausbildung nicht notwendig ist, also alle Tätigkeiten, die man von dem Facharbeiter und dem angelernten Arbeiter, um deren Sonderkenntnisse voll ausnutzen zu können, fernhält und fernhalten muß.

---

[3]) Cölsch, Deutsche Lehrlingspolitik im Handwerk. Tübingen 1909. S. 154.

[4]) Cölsch, a. a. O. S. 150 f.

Es kann vorkommen, daß sich im Laufe der Zeit Hilfsarbeiter zu angelernten, und besonders tüchtige und fleißige angelernte Arbeiter zu Facharbeitern entwickeln.

Dem Handwerksmeister entspricht in der Industrie eine ganze Anzahl von Berufsgruppen, vom Vorarbeiter, Hilfsmeister, Untermeister, Meister oder Betriebsassistenten usw. bis hinauf zum Generaldirektor. Uns interessieren hier nur die Aufsichtsorgane, die sich aus Arbeitern ergänzen und im folgenden kurz unter der Bezeichnung Meister zusammengefaßt werden sollen.

In der Industrie ergeben sich also folgende Gruppen, für die Nachwuchs beschafft und herangebildet werden muß:

1. der Nachwuchs für die Facharbeiter, die Lehrlinge;
2. „ „ „ „ ungelernten Arbeiter, die jugendlichen Hilfsarbeiter;
3. der Nachwuchs für die angelernten Arbeiter;
4. „ „ „ „ Meister (Vorarbeiter).

I. Facharbeiter (Lehrlinge).

1. Einstellung.

a) Bedarf.

Handwerk – Industrie? Eine alte Behauptung aus Handwerkerkreisen besagt, daß die Hauptlast der Ausbildung von Facharbeitern für die Industrie vom Handwerk zu tragen sei, daß also ein großer Prozentsatz der in der Industrie beschäftigten Facharbeiter im Handwerk ordnungsgemäß ausgebildet worden sei. Die tatsächlichen Verhältnisse für das Jahr 1907 zeigen die Angaben, die damals der Handelsminister Delbrück im Preußischen Abgeordnetenhause machte[5]), und denen eine Erhebung in einer Anzahl Regierungsbezirke zugrunde lag. Hierbei waren von den in 1475 Betrieben beschäftigten 311 364 Arbeitern 114 272 = 36,7 % gelernte Arbeiter und von diesen wiederum stammten 46 666 = 40,84 % aus Handwerkerkreisen. Von diesen 46 666 aber hatten nur 26 036 = 55,54 % eine Gesellenprüfung im Handwerk abgelegt, also die Handwerkslehre bis zu Ende durchgemacht. Von der Gesamtzahl gelernter Arbeiter, die 114 272 betragen hatte, waren dies aber nur 22,78 %. Also waren bereits im Jahre 1907 weniger als die Hälfte der gelernten Arbeiter jemals in einem Handwerk gewesen, weniger als ein Viertel nur hatten eine abgeschlossene Handwerkslehre genossen.

Liest man die 1908[6]) erschienene Denkschrift der Handelskammer Düsseldorf über die Frage der Heranziehung der Industrie zu den Kosten der Lehrlingsausbildung, so will es scheinen, als ob schon damals bei den sachkundigen und maßgebenden Stellen eine richtige Kenntnis der tatsächlichen Verhältnisse vorhanden war, daß aber die politischen Parteien aus sogenannten „taktischen“ Gründen die

---

[5]) Rieppel, Lehrlingsausbildung und Fabrikschulen. (Technik und Wirtschaft. Sonderdruck.) 1911. S. 1.

[6]) Denkschrift der Handelskammern Arnsberg usw. Bearbeitet von der HK. Düsseldorf. Beiträge der Industrie zu den Kosten der Handwerkerausbildung und Handwerkswohlfahrtspflege. Düsseldorf 1908.

übertriebenen Klagen des Handwerks zum Schaden der Industriearbeiterschaft unterstützt und noch verstärkt haben. In Wirklichkeit war schon damals[7]) die Industrie nur in geringem Maße auf das Handwerk angewiesen.

Wenn bei einer Firma für das Jahr 1909[8]) angegeben wird, daß bei insgesamt 1700 Arbeitern nur 27 Lehrlinge beschäftigt werden, so ist dies kein Gegenbeweis, da unter diesen 1700 Arbeitern zunächst alle ungelernten Arbeiter und alle andern Berufe mit einbegriffen waren. Bei dieser Zählung hatten von 153 Facharbeitern[9]) 76 bei einem Handwerker, 77 in der Industrie gelernt. Im selben Jahre bereits werden in einem anderen Falle 10 % der Facharbeiter[10]) im eigenen Betriebe ausgebildet.

Für das Jahr 1911 ergab eine Umfrage in einigen Großstädten folgendes Bild[11]):

Ort	Fabriklehrlinge	Handwerkerlehrlinge
Berlin	4 000	2 600
Danzig	437	527
Magdeburg	998	750
Frankfurt	696	466
Duisburg	796	361
München	815	1 975

Also besteht zum großen Teil ein Überwiegen der Fabriklehrlinge, allerdings unter Vernachlässigung einer Unterscheidung nach Berufen. Für die Jahre 1912 und 1914 kann man aus dem gemeinsamen Jahresbericht der gewerblichen Fortbildungsschulen des rheinisch-westfälischen Industriebezirks folgende Angaben errechnen:

Lehrlinge und Angelernte

	Ges.-Zahl	Industrie	% d. Ges.-Zahl	Handwerk	% d. Ges.-Zahl
1912	30 360	15 147	47	16 213	53
1914	38 736	18 572	48	20 164	52
Steigerung	8 376	4 435	53	3 951	47
		= 31 % von 1912		= 24 % von 1912	

Die Steigerung der Lehrlingshaltung ist, auch absolut genommen, in der Industrie größer gewesen als im Handwerk. Einen bestimmten

---

[7]) Denkschrift usw., a. a. O. 1908. S. 23, 85.

[8]) Schumann, Die Arbeiter der Daimlermotorengesellschaft, Stuttgart-Untertürkheim (mitg. in den Schr. d. Vereins f. Sozialpolitik). Leipzig 1911. S. 44.

[9]) Schumann, a. a. O. 1911. S. 79.

[10]) Sorer, Auslese und Anpassung in einer Wiener Maschinenfabrik. (Verein f. Sozialpolitik.) Leipzig 1911. S. 174.

[11]) Kühne, Die gewerblichen Fortbildungsschulen mit besonderer Berücksichtigung des Metallgewerbes und der Industrie der Maschinen und Apparate (mitg. in Abhandl. u. Ber. über technisches Schulwesen. Bd. 3). Leipzig 1912. S. 27.

Maßstab für die Verteilung der Lehrlinge auf Industrie und Handwerk können die Zahlen aus den Jahren 1911, 1912 und 1914 nicht geben, da eine allgemeine Gegenüberstellung von Industrie und Handwerk zu ganz falschen Ergebnissen führt. Es werden im Handwerk Berufsgruppen mit aufgeführt, denen keine Industrie entspricht und Industrien genannt, denen ein entsprechendes Handwerk nicht gegenübergestellt werden kann. Man kann nur soviel aus den Zahlen der einzelnen Städte und des rheinisch-westfälischen Industriebezirks entnehmen, daß in einzelnen Gegenden mit viel Industrie die Lehrlingsausbildung in der Fabrik den Hauptanteil ausmacht, und daß auf der anderen Seite die Steigerung der Lehrlingshaltung in der Industrie größer ist als im Handwerk. Zu berücksichtigen ist dabei noch, daß hier nur die allgemeinen Fortbildungsschulen zum Vergleich herangezogen wurden, während die industriellen Verwaltungen, die eigene Werkschulen besitzen und ihre Lehrlinge deshalb nicht in die allgemeine Fortbildungsschule schicken, nicht gezählt worden sind. Würde man deren Angaben noch hinzunehmen, so würde sich das Bild noch weiterhin zugunsten der Industrie verschieben.

Ein klares Bild ergibt sich, wenn man von den Angaben, die über Industrie und Handwerk gemacht werden, nur die Zahlen zum Vergleich heranzieht, die dieselben Berufsgruppen enthalten. Dies ist nur selten möglich, da die meisten öffentlichen Fortbildungsschulen nur schlechthin zwischen Fabriklehrlingen und Handwerkslehrlingen unterscheiden. Die Jahresberichte der städtischen gewerblichen Fortbildungsschulen in Gelsenkirchen führen an:

Anfang Februar	1914/15	1915/16
Lehrlinge im Handwerk	805	708
„ i. d. Industrie	570	441

Das Handwerk scheint hierbei der Industrie überlegen zu sein. Greift man jedoch bei beiden Angaben nur die etwa entsprechenden Berufsgruppen heraus, so ergibt sich:

	1914/15	1915/16
Lehrlinge im Handwerk (Schlosser und Schmiede)	129	102
„ in der Industrie (Maschinenschlosser, Dreher usw., aber ohne Schreiner und Former)	436	404

Die Industrie bildet also weit mehr Lehrlinge aus als das Handwerk. Der Bericht der Fortbildungsschule in Hagen besagt:

Gelernte Metallarbeiter	1915	1915/16	1916	1916/17
In Fabriken (Schlosser, Dreher, Schleifer, Former, Gießer, Zeichner)	429	452	493	490
Im Handwerk (Schlosser, Schmiede, Mechaniker, Uhrmacher)	93	77	59	63

Also auch hier eine bedeutend größere Zahl von Fabriklehrlingen und die deutlich erkennbare Tendenz der Steigerung in Fabriken und der Verminderung im Handwerk.

Im Kriege haben sich die Verhältnisse mit gewaltiger Schnelligkeit dahin entwickelt, daß im Handwerk ein weiterer starker Abfall an Lehrlingen stattfand, der sich zum Teil in einen Lehrlingsmangel und eine Lehrlingsnot ausgewachsen hat. Genaue Angaben hierüber macht das Preußische Landes-Gewerbeamt in einem an den Minister für Handel und Industrie gerichteten Brief vom 22. Okt. 1917[12]): Im Bezirk der Handwerkskammer Berlin war die Zahl der Lehrlinge im Handwerk, die früher 41 500 betrug, und vor dem Kriege noch die Höhe von 25 500 hatte, auf 7 900 gefallen. Ähnlich lagen die Verhältnisse in ganz Preußen. Für das Jahr 1907 schätzt das Landesgewerbeamt die Zahl der Lehrlinge des Handwerks auf etwa 300 000, die der Industrie auf etwa 150 000. Für das Jahr 1917 dagegen glaubt das Landesgewerbeamt auf Grund von Angaben, die von den verschiedensten Städten Preußens gemacht worden sind, feststellen zu können, daß das Verhältnis zwischen Handwerks- und Fabriklehrlingen gerade umgekehrt sein dürfte, als im Jahre 1907, daß also 1917 die Zahl der Fabriklehrlinge etwa das Doppelte der Zahl der Handwerkslehrlinge betrage. Bedenkt man hierbei, daß, wie oben gezeigt wurde, von den überhaupt im Handwerk ausgebildeten Lehrlingen nur ein verschwindend geringer Teil in der Industrie Verwendung finden kann, so kann man hieraus den Schluß ziehen, daß die Industrie heute in der Frage der Lehrlingsausbildung vom Handwerk keinerlei Unterstützung mehr erhält und keine erhalten kann. Allmählich bricht sich doch auch im Handwerk die Erkenntnis Bahn, daß das Handwerk diese Fragen nicht mehr allein nach den eigenen Wünschen regeln kann, sondern auf die Industrie Rücksicht nehmen muß. So sagte ein Berichterstatter auf dem 18. deutschen Handwerks- und Gewerbekammertage in Hannover[13]): „Wir müssen uns darüber klar sein, daß die Lehrlingsausbildung kein Privileg des Handwerks ist und etwa nur nach unserer Anschauung durchgeführt werden könnte. Die Industrie hat hierzu die gleiche Berechtigung."

Allerdings ist von dem Eingeständnis der gleichen Berechtigung bis zur Anerkennung, daß die Industrie den Hauptanteil der Lehrlingsausbildung leistet, noch ein weiter Schritt.

---

[12]) Drucksache 1918 Nr. 3 des Vereins deutscher Maschinenbauanstalten, S. 9.

[13]) Lippart, Einleitender Bericht über zukünftige Lehrlingsausbildung in der mechanischen Industrie, Abhandl., Bd. 6, Leipzig 1919, S. 6.

Wenn auch die oben gemachten Angaben zunächst die Industrie ganz allgemein berücksichtigen, so zeigen doch insbesondere die letzten Zahlen, daß die allgemeinen Verhältnisse auch auf die Maschinenindustrie in besonderem Maße zutreffen. Eine andere Frage freilich ist die, ob die Industrie genügend Vorsorge getroffen hat, daß in der Heranbildung der gelernten Facharbeiter keine Stockungen eintreten.

Die Berufe und deren Anteil. Die Berufsgruppen, für die in der deutschen Maschinen-Industrie Facharbeiter benötigt werden, sind

1. Metallarbeiter,
2. Former, Gießer,
3. Tischler, Modelltischler,
4. verschiedene kleine Gruppen.

Während früher zu Zeiten des Handwerks und in der Übergangszeit auch noch in der Industrie nur diese Gruppen allgemein in Betracht kamen, hat sich allmählich mit dem Wachstum der Industrie, insbesondere durch Einführung einer weitgehenden Arbeitsteilung und dem Aufkommen zahlreicher neuer Maschinen auch eine weitere Teilung der Berufe durchgesetzt, die in der großen Zahl von neugebildeten Berufsgruppen, für die Lehrlinge ausgebildet werden müssen, zum Ausdruck kommt. Hierbei ist es wieder die Gruppe der Metallarbeiter, die am meisten unterteilt wird. Je nach der Art und Herstellungsweise ihrer Erzeugnisse nehmen die einzelnen Firmen mehr oder weniger weitgehende Unterteilungen vor, so daß sich die verschiedensten Zusammenstellungen ergeben. Eine Zusammenfassung der bei einigen Firmen angegebenen Berufe ergibt folgendes Bild[14]):

1. Metallarbeiter, Monteure, Maschinenbauer, Schlosser, Maschinenschlosser, Werkzeugschlosser, Mechaniker, Rohr- und Bauschlosser Installationsschlosser, Gestellmacherschlosser, Eisenhochbauer, Elektrotechniker, Dreher, Fräser, Bohrer, Hobler, Maschinenarbeiter (Fräser, Bohrer, Hobler, Schleifer gemeinsam), Schmiede, Hammerschmiede, Werkzeugschmiede, Kupferschmiede, Kesselschmiede, Blechschmiede und Spengler.
2. Former und Gießer, Lehmformer, Sandformer, Stahlgießer, Gelbgießer und Metallgießer, Kernmacher.
3. Modelltischler, Bau- u. Möbeltischler.
4. In geringem Umfange werden noch ausgebildet: Maler, Lackierer und Anstreicher, Zimmerer, Maurer, Sattler und Tapezierer.

---

[14]) Löwe, Siemens-Schuckert, G. m. b. H., Berlin; M.A.N. Augsburg, Nürnberg, Gustavburg, Duisburg; Thyssen. Rieppel, 1911, a. a. O., S. 2.

Die Berufe Bauschlosser, Installationsschlosser, Gestellmacher schlosser, Eisenhochbauer und Elektrotechniker werden nur bei einigen wenigen Firmen, die nebenbei derartige Arbeiten ausführen, benötigt und ausgebildet. Da diese Werke aber ihrer ganzen Natur nach zur Maschinen-Industrie gehören, sollen diese Gruppen hier mit aufgeführt sein. Es ist fernerhin auch möglich, daß die eine oder andere Firma noch eine andere kleine Untergruppe gebildet hat, doch wird hierdurch das Bild sich nicht wesentlich verschieben.

Eine Ausbildung als Metallarbeiter schlechthin findet in der Industrie heute wohl nirgends statt. Zum mindesten wird zwischen Schlossern und Drehern unterschieden. Eine Universalausbildung wie früher im Handwerk gibt es nicht mehr in der Industrie. Bei der Gruppe Dreher sind dann auch vielfach die anderen Maschinenarbeiter, wie Fräser, Hobler, sofern sie überhaupt eine geordnete Lehre durchmachen, mit einbegriffen.

Die Bezeichnung Maschinenbauer findet sich bei zwei Firmen. In dem einen Falle[15]) versteht man unter dieser Bezeichnung dasselbe, was andere Firmen mit dem Begriff Monteur ausdrücken. Es stellt hierbei diese Gattung den hochwertigsten Facharbeiter dar, der infolgedessen auch die sorgfältigste und umfangreichste Ausbildung genießt und in den meisten Nebenfächern Unterricht erhält. Das zweite Werk[16]) dagegen bezeichnet als Maschinenbauer sämtliche Lehrlinge der Metallarbeitergruppe im ersten Lehrjahre und trennt erst vom zweiten Lehrjahre an in Schlosser, Dreher und Werkzeugmacher.

Um Verwechslungen auszuschließen, empfiehlt sich eine einheitliche Regelung sämtlicher Bezeichnungen.

Je sorgfältiger die Arbeitsteilung in der Werkstatt durchgeführt ist, um so größer ist auch die Berufsteilung bei den Arbeitern. In welchem Umfange unter Umständen bei einer weitgehenden Spezialisierung eine Trennung der Berufe stattfinden kann, zeigt der Bericht der gewerblichen Fortbildungsschule in Solingen, wo die Gruppe der Schleifer in zwölf Untergruppen geteilt ist[17]). Je weiter die Arbeitsteilung in der deutschen Maschinen-Industrie fortschreitet, um so mehr dürfte auch hier eine weitere Unterteilung der Berufe und eine Neubildung von Berufsgruppen stattfinden.

Lippart, Die Ausbildung des Lehrlings in der Werkstätte, Sonderdruck, „Technik und Wirtschaft“, 1912, S. 3. Matschoss, Werkschule und Lehrlingsausbildung bei der Firma Gebrüder Sulzer, A.-G. in Winterthur, Berlin 1919, S. 2.

[15]) L. Löwe & Co., A.-G., Berlin.

[16]) Siemens-Schuckert, Berlin.

[17]) Bericht über die städt. gewerbl. Fortbildungsschule, Schuljahr 1913/14, S. 21.

In welchem Maße sich die Lehrlingshaltung auf die einzelnen Berufsgruppen verteilt. mögen folgende Angaben von sechs Werken[18]) kennzeichnen:

	1	2	3	4	5	6
Metallarbeiter	—	—	—	—	—	—
Monteure	—	—	—	—	—	—
Maschinenbauer	122	—	—	—	—	—
Schlosser	—	—	—	70	—	337
Maschinenschlosser	—	142	93	14	10	—
Werkzeugschlosser	80	17	9	14	9	—
Mechaniker	—	—	—	—	—	—
Bauschlosser	—	12	—	—	—	—
Installationsschlosser	—	—	—	8	—	—
Gestellmacherschlosser	—	—	—	25	—	—
Eisenhochbauer	—	—	—	—	—	—
Elektrotechn. u. Elektroschlosser	—	—	—	7	—	35
Dreher	29	17	62	25	—	259
Fräser	—	—	—	—	—	9
Bohrer	—	—	—	—	—	—
Hobler	1	—	—	—	—	2
Schmiede	—	—	—	3	—	—
Kupferschmiede	—	—	—	—	—	—
Kesselschmiede	—	—	2	4	—	
Hammerschmiede	—	—	3	—	—	—
Blechschmiede u. Spengler	—	—	10	—	—	—
Klempner u. Flaschner	—	11	—	—	—	—
Former u. Gießer	26	16	14	—	31	5
Lehmformer	—	—	—	—	—	2
Sandformer	—	—	—	—	—	2
Stahlgießer	—	—	—	—	7	—
Gelbgießer u. Metallgießer	—	—	—	—	—	—
Kernmacher	—	—	—	—	—	—
Modellschreiner	4	22	11	2	8	9
Bauschreiner	—	—	—	3	—	—
Maler u. Lackierer	—	—	—	—	—	—
Sattler	—	4	—	—	—	—
Zimmerer	—	—	—	—	—	—

Eine Umfrage des Vereins Deutscher Maschinenbau-Anstalten bei 75 Firmen hat im Jahre 1911 ergeben[19]):

[18]) 1. Löwe, Unsere Lehrlingsausbildung, 1918, S. 3.
2. M.A.N. Nürnberg
3. M.A.N. Augsburg
4. M.A.N. Gustavsburg
5. M.A.N. Duisburg
(2.–5.: Jahresbericht S. 42 ff.)
6. Thyssen & Co., A.-G., Mülheim-Ruhr.

[19]) Free, Die Werksschulen der deutschen Industrie, mitg. in Abhandl. usw., Bd. 3, Leipzig 1912, S. 183.

Metallarbeiter	2535
Former und Gießer	528
Tischler und Modelltischler	131
Sonstige	331

Die Gruppe der Metallarbeiter benötigt also bei weitem den größten Nachwuchs. Die Verteilung auf die einzelnen Gruppen zeigen auch zwei Erhebungen, die sich einmal 1912[20]) auf 51 Maschinenfabriken erstreckte, die mehr als 75 Lehrlinge beschäftigten, das andere Mal 1918[21]) auf 77 Werke der Industrie des Maschinenbaus i. w. S. (mit Elektrotechnik und Feinmechanik). Es ergab sich:

	1912	1918
Schlosser	51	49
Maschinenbauer	—	23
Monteure	3	—
Eisenhochbauer (Bauschlosser) . .	4	4
Mechaniker	2	20
Werkzeugmacher	—	25
Elektrotechniker	2	—
Optiker	—	3
Dreher	51[22])	58
Fräser	—	7
Bohrer	—	5
Hobler	—	9
Stoßer	—	2
Schmiede	12	14
Kesselschmiede	15	17
Kupferschmiede	11	10
Blechschmiede und Spengler . . .	4	—
Klempner und Flaschner	2	6
Former, Gießer	39	35
Kernmacher	2	5
Modellschreiner	33	36
Bau- und Möbeltischler	11	13
Maurer und Lackierer	9	9
Sonstige	—	4

Leider sind die beiden Aufstellungen nicht nach denselben Gesichtspunkten angefertigt, so daß ein Vergleich der beiden Jahre nur bedingten Wert hat. Rechnet man 1918 die Maschinenbauer zu den Schlossern, so ergibt sich immerhin von 77 Firmen die Zahl 72, bei denen Schlosser ausgebildet werden. Interessant ist aber die Tatsache, daß eine weitere Spezialisierung der an Maschinen auszubildenden Lehrlinge stattgefunden hat. 1912 werden nur die Dreher aufgeführt, 1918 dagegen noch Fräser, Bohrer, Hobler und Stoßer.

---

[20]) Lippart, a. a. O., 1912, S. 3.

[21]) Utzinger, Praktische Durchführung der Ausbildung in der Werkstatt, Abhandl. usw., Bd. 6, Leipzig 1919, S. 97.

[22]) Zwei Firmen erst vom zweiten Jahre an.

Prozent der Facharbeiter. Es ist noch festzustellen, welchen Anteil die Lehrlinge im Verhältnis zur gesamten Arbeiterschaft, insbesondere der Facharbeiter und hier wieder derjenigen ihrer Berufsgruppe darstellen. Daß auch Frauen eine Lehre durchmachen können, sei nur nebenbei bemerkt. 1895[23]) wurde in der Industriegruppe der Maschinen und Apparate die Zahl der Lehrlinge auf 27547 festgestellt, was einem Anteil von 11,7 % der in den betreffenden Betrieben beschäftigten gelernten Arbeitern entsprach. 1907 hatte hier eine Steigerung auf 55580 Lehrlinge = 12 % der Facharbeiterschaft stattgefunden. Zunächst hatten die kleinen Betriebe am meisten Lehrlinge ausgebildet, im Laufe der Jahre jedoch war eine Verschiebung nach den größeren Betrieben hin eingetreten. Im Jahre 1907 schwankte bei 17 Werken[24]) die Zahl der Lehrlinge von 3—41 % der gelernten Arbeiter, im Jahre 1918 bei 59 Werken[25]) von 6—60 %, in zwei Fällen sogar über 100 %, für die allerdings abnorme Verhältnisse vorliegen müssen. Die Verhältnisse sind also außerordentlich verschieden in den einzelnen Betrieben.

Zahlen über die Werke mit ungenügender Lehrlingshaltung stehen nicht zur Verfügung. Bei solchen mit übertrieben vielen Lehrlingen wird es sich meistens wohl um kleine und kleinste Betriebe handeln, die man kaum noch zur Industrie rechnen dürfte. Diese Lehrlingszüchterei treibt vor allem in einigen „Reparatur-Werkstätten" ihr Unwesen[26]) oder sie geht unter dem Namen einer „Lehrlings-Werkstätte" vor sich[27]). An eine geordnete Ausbildung ist in solchen Betrieben mit übermäßig hoher Lehrlingshaltung natürlich nicht zu denken. Ebensogroß ist andererseits die Gefahr einer ungenügenden Haltung von Lehrlingen, da die betreffenden Werke dann darauf angewiesen sind, ihren Arbeiternachwuchs von anderer Seite ausbilden zu lassen. Bei Betrieben mit geordneten Lehrlingsverhältnissen, die außerdem noch auf längere Erfahrungen in der Lehrlingsausbildung zurückblicken können, ergeben sich Zahlen von 10—15 %, so u. a. bei der Kaiserlichen Werft in Kiel[28]) und bei der Firma Borsig in Berlin-Tegel[29]).

---

[23]) Altenrath, Das Lehrlingswesen in der Industrie, mitg. in den Schriften der Zentralstelle für Volkswohlfahrt, Berlin 1912, S. 188 ff.
[24]) Altenrath, a. a. O., 1912, S. 194.
[25]) Utzinger, a. a. O., 1919, S. 97.
[26]) Altenrath, a. a. O., S. 205.
[27]) Altenrath, a. a. O., S. 206.
[28]) Versammlungsbericht der Zentralstelle für Volkswohlfahrt, 1912, S. 408.
[29]) Ebenda, 1912, S. 415.

Bei Betrachtung der Größe der einzelnen Betriebe, in denen Lehrlinge ausgebildet werden[30]), wurden im Jahre 1907 in der Industrie der Maschinen und Apparate beschäftigt:

37 %	in Betrieben mit weniger als 50	Arbeitern
30,4 %	„ „ „ 50 bis 200	„
23,5 %	„ „ „ 201 „ 1000	„
9,1 %	„ „ „ mehr als 1000	„

Inzwischen ist seitdem hierin eine große Verschiebung eingetreten in der Richtung, daß ein immer stärkerer Anteil der Lehrlingsausbildung auf die größeren und größten Werke entfällt.

Eine Umfrage, die im Jahre 1907 im Gebiet der rheinisch-westfälischen Handelskammern abgehalten wurde[31]), ergab im einzelnen für die Maschinen-Industrie dieses Gebietes, daß von 158 Betrieben zehn Betriebe keine Lehrlinge ausbildeten, während sich bei den übrigen 148 die einzelnen Berufe folgendermaßen verteilten:

Beruf	Facharbeiter	Lehrlinge	%
Schlosser . . .	5076	1827	26,1
Dreher	3255	785	24,1
Schmiede . . .	3205	148	5,6
Former . . .	2000	199	9,8
Schreiner . . .	740	134	18,1
Monteure . . .	187	32	17,1
Klempner . . .	5	2	40,0
Sonstige . .	24 479	1622	6,7

Als Zahl der Gesamtarbeiter ergab sich die Lehrlingshaltung aus dem Bericht der Handelskammern zu 10,15 % für alle Werke der Maschinenindustrie und zu 10,89 % der Arbeiter der Fabriken, in denen Lehrlinge ausgebildet wurden. Bemerkenswert ist dabei, daß die Lehrlingshaltung in der Maschinen-Industrie hierbei bedeutend größer war als in den anderen Industrien.

Bei den etwa 200 Firmen, die dem Verein Deutscher Maschinenbau-Anstalten angehören, wurden im Jahre 1909/10 gezählt[32]):

	Arbeiter	Lehrlinge	%
1909	108 199	11 856	10,96
1910	109 230	12 331	11,29

Es fand also schon in diesem einen Jahr eine nicht unbeträchtliche Steigerung in der Lehrlingshaltung statt, und diese Steigerung hat nicht nachgelassen.

1918 ergab eine Umfrage bei 59 Betrieben 97 352 Facharbeiter und 15 315 Lehrlinge = 15,7 %, eine andere Umfrage im selben

---

[30]) Altenrath, a. a. O., 1912, S. 188 und 210.

[31]) Rieppel, 1911, a. a. O., S. 3.

[32]) Frölich, Die praktische Ausbildung der industriellen Lehrlinge, mitg. in Abhandl. usw., Bd. 3, 1912, S. 13.

Jahr bei 55 Firmen 80300 Facharbeiter und 15382 Lehrlinge = 19 %.

Es hat also eine weitere, erhebliche Steigerung des verhältnismäßigen Anteils an Lehrlingen stattgefunden.

Für 83051 Arbeiter mit 8604 Lehrlingen, gleich 10,37 %, die im Jahre 1911 bei 186 Maschinenfabriken beschäftigt wurden, ergab sich folgende Verteilung auf die einzelnen Berufe:

Beruf	Arbeiter	Lehrlinge	%
Schreiner und Modellschreiner	3463	304	8,8
Former und Gießer	7585	399	10,5
Maschinenformer	51	—	—
Kernmacher	144	13	9,0
Gußputzer	71	—	—
Schmiede	4145	112	2,7
Kesselschmiede	3596	179	5,0
Kupferschmiede	649	61	9,4
Schlosser und Dreher	25 645	4637	18,0
Schlosser	4718	963	20,0
Dreher	2904	487	17,0
Hobler, Stoßer, Bohrer, Fräser, Schleifer	1847	26	1,4
Mechaniker	114	29	25,5
Werkzeugmacher	86	24	28,0
Monteure	443	—	—
Sonstige	17 026	75	4,4

In einigen Berufen wird eine Verwendung nur in der Maschinen-Industrie möglich sein, z. B. bei Formern, Gießern, Modellschreinern und Schmieden; andere Berufe, vor allem Schlosser und Dreher werden auch in anderen Industrien in hohem Maße benötigt. Es ist bei der Wahl des Umfanges der Lehrlingsausbildung darauf Rücksicht zu nehmen, ob die anderen Industrien ihre Lehrlinge selbst ausbilden, oder die fertig ausgebildeten Facharbeiter von der Maschinen-Industrie übernehmen. Im rheinisch-westfälischen Industriebezirk[33]) waren im Jahre 1907 8518 Schlosser, Dreher und Monteure in der Maschinen-Industrie des Bezirks beschäftigt, während die anderen Industrien zusammen 8946 Leute dieser Berufe beschäftigten. Wenn man bedenkt, daß nur ein Teil dieses Bedarfes außerhalb der Maschinen-Industrie ausgebildet wird, erkennt man, daß die Zahl der Lehrlinge, die die Maschinen-Industrie über den eigenen Bedarf hinaus ausbilden muß, sehr groß ist. In der Prozentzahl kommt dies in der letzten Aufstellung deutlich zum Ausdruck.

Bei völligem Fehlen einer Lehrlingsausbildung liegt der Grund vielfach darin, daß die Leiter des betreffenden Unternehmens der Meinung sind, in ihren Betrieben könne den jungen Leuten keine

---

[33]) Rieppel, a. a. O., S. 6, 1911, Umfrage der Handelskammern.

genügende Ausbildung zuteil werden, da die Art der Erzeugnisse oder das Herstellungsverfahren einen umfassenden Unterricht nicht zulassen. Bei der Besprechung der praktischen Ausbildung in der Werkstatt wird auf diese Meinung zurückgekommen und gezeigt werden, daß es Mittel und Wege gibt, diesen Mängeln abzuhelfen.

Der Grund für eine zu geringe Einstellung von Lehrlingen liegt mitunter darin, daß sich nicht genügend Bewerber um die freien Lehrstellen einfinden, was wiederum die verschiedensten, in der Hauptsache von örtlichen Verhältnissen abhängigen Ursachen haben kann, aber auch von den Arbeiterorganisationen veranlaßt sein kann, die das Angebot gering und damit die Löhne hoch halten wollen[34]). Ist genügend Angebot da, so kann eine zu geringe Lehrlingshaltung durch pekuniäre Rücksichten veranlaßt sein, da die Ausgaben bei sachgemäßer Unterweisung ziemlich hoch sind. Doch auch dieser Grund ist nicht völlig stichhaltig, da letzten Endes doch das Werk selbst wieder den Vorteil von den Ausgaben hat durch Heranziehung eines seßhaften Arbeiterstammes. Zusammenfassend kann man auf Grund der angeführten Zahlen sagen, daß die deutsche Maschinen-Industrie auf dem besten Wege ist, Mittel und Wege zu finden, für die zahlenmäßig genügende Heranbildung des Arbeiternachwuchses zu sorgen, und zwar nicht nur für den eigenen Bedarf, sondern auch noch darüber hinaus für die gesamte notwendige Abgabe an andere Industrien.

Die von dem Deutschen Ausschuß für technisches Schulwesen aufgestellten Leitsätze besagen unter Nr. 5[35]):

Die Zahl der Lehrlinge eines Betriebes richtet sich in der Regel

a) nach der Dauer der Lehrzeit,
b) nach der Dauer der durchschnittlichen Arbeitsfähigkeit des ausgebildeten Facharbeiters des betreffenden Gewerbezweiges,
c) nach den Anforderungen, die im Interesse der Sicherung einer ausreichenden Ausbildung der Lehrlinge zu stellen sind.

b) Auswahl.

Alter. Das Alter, in dem die jungen Leute in die Lehre eintreten, ist im allgemeinen 14 Jahre, in wenigen Fällen 15—18 und noch seltener 13 Jahre[36]). Da die gesetzlichen Bestimmungen die Möglichkeit der Verwendung von Jugendlichen unter 14 Jahren sehr beschränken, außerdem die Schulpflicht bis zum 14. Lebensjahre

[34]) Sitzungsbericht des Deutschen Ausschusses für technisches Schulwesen, 1912, S. 255.

[35]) Deutscher Ausschuß für technisches Schulwesen, 1912, S. 302.

[36]) Lippart, a. a. O., 1912, S. 4.

dauert, kommt meist nur die Zeit über 14 Jahre in Frage. Bei einer Firma[37]) waren von 717 Lehrlingen eingetreten

in	einem	Alter	von	13—14	Jahren	50
„	„	„	„	14	„	416
„	„	„	„	15	„	90
„	„	„	„	16	„	21
„	„	„	„	17	„	1
„	„	„	„	18	„	1
„	„	„	„	19	„	1

Das höhere Eintrittsalter erklärt sich nur in einzelnen Fällen durch längeren Schulbesuch. Meist ist es dadurch hervorgerufen, daß die Jungen vor dem Eintritt der Lehre als Laufburschen oder jugendliche Hilfsarbeiter beschäftigt waren. Mitunter wird diese Verwendung vor der eigentlichen Lehrzeit sogar empfohlen[38]), sei es, um die körperliche Entwicklung weiter fortschreiten zu lassen, sei es um eine Besserung der finanziellen Verhältnisse des Elternhauses abzuwarten. Auch der Umstand könnte mitsprechen, daß die Tätigkeit als Laufbursche mit den einzelnen Berufen der Fabrik in Berührung bringt und ein Interesse für eine bestimmte Richtung wecken oder zum Durchbruch kommen lassen kann, während bei sofortigem Lehrantritt die Möglichkeit einer Fehlwahl naheliegt. In einigen Fällen wird großer Wert darauf gelegt[39]), die Jungen durch die Tätigkeit als Laufburschen auf dem Werk heimisch werden zu lassen, uud ihnen Gelegenheit zu geben, sich mit den Verhältnissen vertraut zu machen, so daß bei Beginn der Lehrzeit sofort die ganze Kraft auf die Erlernung des Berufes verwendet werden kann. Dieser Regelung wird dabei noch der Vorteil beigemessen, die jungen Burschen, die die Volksschule nach der 7. Klasse verlassen, unmittelbar von der Schule übernehmen zu können, um nach Vollendung des 14. Lebensjahres sofort mit der Lehre zu beginnen. Von anderer Seite dagegen[40]) wird vor der Tätigkeit als Laufbursche gewarnt, da auf diese Weise der Junge leicht das Bummeln lernen könne und sich dann schwer an die straffe Zucht der Lehre gewöhnen würde.

Von den 487 Lehrlingen, für die bei einer Firma[41]) die Angaben zur Verfügung standen, hatten 107 eine Wartezeit zwischen Schulentlassung und Lehrzeit durchgemacht, und zwar:

1	Jahr	85	3	Jahr	1
2	„	20	4	„	1

[37]) Thyssen, Mülheim-Ruhr.
[38]) Kohlmann, Fabrikschulen, Berlin 1911, S. 40.
[39]) Lippart, a. a. O., 1912, S. 4.
[40]) Lippart, a. a. O., 1912, S. 4.
[41]) Thyssen, Mülheim-Ruhr.

Ein vorgeschriebenes Eintrittsalter von 14 Jahren findet sich verschiedentlich[42]), während in einem Fall sogar[43]) ein solches von 15 Jahren angegeben wird; dieser letzte Fall erklärt sich dadurch, daß hier die Schulpflicht bis zum 15. Lebensjahre dauert und eine abgeschlossene Schulbildung verlangt wird. Einmal[44]) findet sich, aber ohne nähere Angabe, die Mitteilung, daß ein Eintrittsalter von 15 oder 16 Jahren „bevorzugt oder gewünscht" wird. Auch eine Höchstgrenze, die nicht überschritten werden darf, wird angegeben, so von den Eisenbahnwerkstätten der Preußisch-Hessischen Eisenbahnverwaltung[45]).

Vorbildung. Die Bedingung eines erfolgreichen Volksschulbesuches bis in die letzte Klasse findet sich sehr häufig in der Industrie; und wenn während des Krieges bei einigen Firmen[46]) hierauf wegen des großen Bedarfes etwas weniger scharf Wert gelegt wurde, so wird man bei Eintritt geordneter Verhältnisse unter allen Umständen wieder hierauf zurückkommen.

Eine Firma[47]) verlangt für Modellschreiner, Maschinenschlosser und Werkzeugmacher eine bessere Vorbildung als für die anderen Berufe, die in diesem Fall auf Grund der Schweizer Verhältnisse gerechtfertigt erscheint und möglich ist.

Von 683 Lehrlingen, für die die Angaben zur Verfügung standen[48]), hatten die Volksschule verlassen:

188	aus Klasse 1a	59	aus Klasse 2
411	„ „ 1	10	„ „ 3

Drei Lehrlinge waren bis Quarta, einer bis Obertertia gekommen.

Eine Umfrage bei 51 Maschinenfabriken[49]) ergab bei allen das Bestreben, möglichst nur Leute mit abgeschlossener Volksschulbildung einzustellen, doch konnten elf Firmen dies nicht durchführen. Anscheinend war hier das Angebot an Lehrlingen zu gering, wie überhaupt die Meldungen zum Eintritt in die Lehre je nach Ort, Industrieart und Beruf außerordentlich verschieden sind. Bei einigen Gewerben, z. B. bei Formern und Gießern, wird überall und dauernd über mangelhaftes Angebot an Lehrlingen geklagt, so daß hier als

---

[42]) Götte, Fachschulen mit Werkstättenbetrieb, mitg. in Abhandl. usw., 1912, S. 44.

[43]) Ausbildung von Lehrlingen bei Gebr. Sulzer in Winterthur und Ludwigshafen a. Rh., Technik und Wirtschaft, 1911, S. 241.

[44]) Utzinger, 1919, a. a. O., S. 94.

[45]) Schwarze, Das Lehrlingswesen der Preußisch-Hessischen Staatseisenbahnverwaltung, Leipzig 1919, S. 106.

[46]) Thyssen.

[47]) Matschoss, a. a. O., 1919, S. 3.

[48]) Thyssen.

[49]) Lippart, a. a. O., 1912, S. 4.

Lockmittel wesentliche Erleichterungen eingeführt werden mußten, während andere Berufe wieder nach den zahlreichsten Gesichtspunkten auswählen konnten[50]. Auch in demselben Industriezweig und im selben Berufe ist bei verschiedenen Firmen am selben Ort das Angebot verschieden. Eine Rolle spielt hierbei unter anderem der Ruf der Firma, insbesondere die Meinung, die über den Wert der dort erteilten Lehrlingsausbildung verbreitet ist. Es gibt Werke, die infolge zahlreicher Bewerbungen eine Auswahl treffen können, und zwar geschieht dies häufig nach der Güte der Schulzeugnisse[51], von der, aber nur mit Einschränkung richtigen Erwägung ausgehend, daß ein Junge mit besseren Schulzeugnissen ein besserer Facharbeiter zu werden verspreche. Auch eine Aufnahmeprüfung[52] findet sich, und zwar werden als Prüfungsfächer Rechnen, Deutsch und Raumlehre angegeben[53]. Bei anderen Firmen findet wieder eine scharfe Auswahl während der Probezeit statt unter genügender Berücksichtigung der sonstigen Eigenschaften und Veranlagungen des Lehrlings.

Herkunft. In einem anderen Falle wird bei Überangebot nach körperlicher Tüchtigkeit unter vorausgehender Untersuchung durch den Fabrikarzt und nach Familienverhältnissen geurteilt, wobei vor allem Söhne oder Verwandte von Werksangehörigen bevorzugt werden, und wobei hier wieder eine Unterscheidung nach der Dienstzeit des Vaters oder sonstigen Verwandten eintritt. Nur in Ausnahmefällen, wenn nicht genügend Söhne von Leuten des Werks sich melden, werden mitunter auch fremde junge Leute eingestellt, doch gibt es auch zwei Firmen, die Fremde bevorzugen. In anderen Fällen werden nur Arbeitersöhne des eigenen Werkes eingestellt: in einem Falle nur, wenn der Vater im Dienste der Firma gestorben ist oder 16 Jahre bei der Firma war. Hierbei müssen entweder Meldungen von Arbeitersöhnen im Übermaß vorliegen, oder das Werk läuft Gefahr, zu wenig Lehrlinge auszubilden.

Eine Firma[54] verlangt nur, daß die Anmeldung, die wie überall schriftlich zu erfolgen hat, rechtzeitig bis zu einem gewissen Tage vor dem Einstellungstermine stattfindet und wählt unter den Bewerbern ohne Rücksicht auf etwaige Beziehungen zu Werksangehörigen aus. Die Folge davon ist, daß die eigenen Arbeiter ihre Söhne meist zu spät anmelden, da sie der Meinung sind, daß auf jeden Fall ihre Kinder bevorzugt werden. Die Gründe, weshalb die

---

50) Free, a. a. O., 1912, S. 152.

51) Free, a. a. O., 1912, S. 152 u. Utzinger, a. a. O., 1919, S. 95.

52) Free, a. a. O., 1912, S. 152 u. Utzinger, a. a. O., 1919, S. 95.

53) Werkstattstechnik, 1918, S. 234.

54) Brandt, Die Ausbildung der Formerlehrlinge in Eisengießereien, mitg. in Abhandl. usw., 1912, S. 112.

Firma dieses Mittel zur Heranziehung eines seßhaften Arbeiterstammes nicht anwendet, entziehen sich der Beurteilung. Es soll aber auch vorkommen[55]), daß die Arbeiter es sogar vermeiden wollen, ihre Söhne in demselben Betriebe, in dem sie selbst arbeiten, lernen zu lassen, um zu verhindern, daß dieser die Verdienstverhältnisse des Vaters und seine Stellung in der Fabrik genau kennenlerne.

Angaben über den Beruf des Vaters sind von einem größeren Bezirk nicht bekannt. In einem Werk[56]) war 1909 bei 1700 Arbeitern von 59 Facharbeitern der Vater auch schon Industriearbeiter gewesen, und zwar war dies der Fall bei

25 Schlossern,
22 Drehern,
1 Schmied,
8 Kupferschmieden,
3 Maschinenformern.

In 14 Fällen, und zwar bei 9 Schlossern und 5 Drehern, haben Vater und Sohn denselben Beruf ausgeübt.

An anderer Stelle[57]) stammten 1909 von 138 Arbeitern 57 = 20,8 % aus Handwerkerkreisen, bei 70 = 15,4 % war der Vater auch Metallarbeiter.

Bei einer Firma[58]) wurden von 665 Lehrlingen die Angaben zusammengestellt und hierbei folgende gefunden: Von 390 Lehrlingen war der Vater in Industrie und Bergbau beschäftigt, und zwar waren:

Arbeiter	38
Facharbeiter	94
Angelernte	12
Hilfsarbeiter	26
Vorarbeiter	20
Meister	44
Bergleute	135
Steiger	4
Invaliden u. Berginvaliden	17

82 Lehrlinge stammten aus Handwerkskreisen, und zwar war bei 24 als Beruf des Vaters ausdrücklich der Meistertitel des Handwerks angegeben, doch dürfte auch unter den anderen noch mancher selbständige Handwerker gewesen sein.

Bei der Eisenbahnverwaltung waren 80 Väter angestellt, und zwar:

Eisenbahnarbeiter	10
Schaffner, Zugführer und Rangiermeister .	40
Lokomotiv- und Triebwagenführer . . .	30
Eisenbahnassistenten usw.	3

[55]) Brandt, a. a. O., 1912, S. 113.
[56]) Schumann, a. a. O., 1909, S. 73.
[57]) Sorer, a. a. O., 1909, S. 189.
[58]) Thyssen, 1918.

Sonstige staatliche, städtische und private Beamte, bei denen die Angabe allgemein gehalten war, waren 49, ferner Kaufleute 31, Händler, Wirte und Rentner 22, der Vater eines Jungen war Landwirt, eines weiteren Jäger und eines dritten Schiffer.

Bei Betrachtung des Wohnortes im Vergleich zur Werkstätte ergab sich:

Der Sitz der Firma war Mülheim a. d. Ruhr und es hatten ihren Wohnsitz in

Mülheim	255	Duisburg-Meiderich	19
„ -Broich	29	Oberhausen	92
„ -Saarn	13	Alstaden	7
„ -Speldorf	35	Kettwig	4
„ -Dümpten	42	Homberg	1
„ -Winkhausen	8	Altenessen	1
„ -Fulerum	5	Hochheide	1
„ -Styrum	75	Menden	1
„ -Holthausen	14	Haarzopf	1
„ -Heissen	19	Hamborn	2
Essen-Borbeck	24	Oberstfeld	1
„ -Frintrop	35	Bievang b. Dinsl.	1
„ -Delwig	8	Mintard	1
Duisburg	12	Sterkrade	1

Eine Angabe der Entfernungen in Kilometern ergibt kein klares Bild, da die Verkehrsverbindungen ausschlaggebend sind, so daß oft große Strecken infolge günstiger Lage und kurzer Fahrzeiten der Eisenbahn oder Straßenbahn bequem zurückgelegt werden können, während an anderer Stelle kleinere Entfernungen schwieriger zu überwinden sind, da sie zu Fuß zurückgelegt werden müssen. Ein derart großes Auseinanderliegen von Wohnung und Arbeitsstätte ist eben nur im Industriebezirk mit seiner dichten Bevölkerung und seinen guten Verkehrsverhältnissen möglich, würde aber auch hier besser vermieden.

c) Lehrverhältnis.

Lehrvertrag. Für das Vorhandensein eines gesetzlichen Lehrverhältnisses ist die Tatsache entscheidend, ob ein schriftlicher Lehrvertrag abgeschlossen worden ist oder nicht. Während von der gesamten Industrie im Jahre 1911 noch gesagt werden konnte, daß ein schriftlicher Lehrvertrag meist fehle[59]), waren in der Maschinenindustrie schon damals schriftliche Lehrverträge allgemein üblich, und es wurde nur in wenigen Ausnahmefällen hiervon abgesehen. 1918[60]) kann von der Maschinenindustrie berichtet werden, daß von

[59]) Altenrath, a. a. O., 1911, S. 214.
[60]) Utzinger, a. a. O., 1919, S. 103.

76 Firmen 75 einen Lehrvertrag abschließen. Für den Inhalt des Lehrvertrages sind in erster Linie örtliche Verhältnisse sowie Besonderheiten des betreffenden Zweiges der Maschinenindustrie maßgebend; doch wird ausdrücklich gewünscht, daß allmählich eine gewisse Einheitlichkeit in der Abfassung der Lehrverträge Platz greife, weshalb der Verein deutscher Maschinenbauanstalten einen allgemein anwendbaren Vertrag aufgestellt hat, der folgendermaßen aussieht:

Lehrvertrag

für Lehrlinge in den Werkstätten der Maschinen- und Metallindustrie. (Nach den Beschlüssen des Ausschusses für Lehrlingsausbildung des Vereines deutscher Maschinenbauanstalten und des Gesamtverbandes deutscher Metallindustrieller.)

Zwischen der Firma

.... zu ....

einerseits und dem

.... zu ....

als gesetzlichem Vertreter des

.... zu ....

geboren am

.... zu ....

anderseits wird folgender Lehrvertrag geschlossen.

(Für den Fall, daß der gesetzliche Vertreter ein Vormund oder Pfleger ist):

Die nach § 1829 in Verbindung mit § 1822 Ziffer 6 BGB. erforderliche Genehmigung des Vormundschaftsgerichtes ist bis zum.....................19.... beizubringen; andernfalls behält sich die Firma vor, vom Lehrvertrag zurückzutreten.

§ 1. Ausbildungspflicht des Lehrherrn.

Die Firma..
nimmt den...
in ihr Werk.., Abteilung ....
als...
auf und verpflichtet sich, ihn in den bei ihrem Betriebe vorkommenden Arbeiten seines Faches den Zwecken der Ausbildung entsprechend zu unterweisen und ihm Gelegenheit zu geben, sich nach seinen Fähigkeiten zu einem tüchtigen Facharbeiter heranzubilden.

§ 2. Dauer der Lehrzeit.

Die Lehrzeit beträgt .... aufeinanderfolgende Jahre vom........ ....bis zum.................................... Hiervon gelten die ersten..............Monate als Probezeit, während welcher beide Parteien durch einfache fristlose Kündigung, unter Ausschluß jedes Entschädigungsanspruches, vom Vertrage zurücktreten können. Erfolgt eine Kündigung nicht, so setzt sich das Lehrverhältnis stillschweigend fort.

Bleibt der Lehrling während der Lehrzeit infolge Krankheit, Unfall oder aus sonstigen bei ihm liegenden Gründen insgesamt mehr als .... Arbeitstage von der Arbeit fern, so ist die Firma berechtigt, im Interesse der Ausbildung des Lehrlings eine entsprechende Verlängerung der vereinbarten Lehrzeit, aber höchstens um die Anzahl der versäumten Arbeitstage, zu verlangen.

§ 3. Vergütung für den Lehrling.

Die Firma gewährt dem Lehrling zur Auszahlung an den üblichen Löhnungstagen

im	ersten	Lehrjahre	eine	Vergütung	von	....
„	zweiten	„	„	„	„	....
„	dritten	„	„	„	„	....
„	vierten	„	„	„	„	....

Akkordvergütungen werden gegebenenfalls nach freiem Ermessen festgesetzt.

Außerdem[61]) gewährt die Firma dem Lehrling, wenn er die im Lehrvertrage festgesetzte Lehrzeit ordnungsmäßig beendigt und Fleiß und gutes Betragen gezeigt hat, eine besondere Zuwendung ....

....

die alsdann nach Ermessen der Firma dem Lehrling oder seinem gesetzlichen Vertreter in bar oder auf ein Sparkassenbuch ausgezahlt wird. Ein Rechtsanspruch auf diese besondere Zuwendung steht dem Lehrling nicht zu.

§ 4. Pflichten des Lehrlings.

Der Lehrling hat sich innerhalb und außerhalb der Fabrik bescheiden und sittsam zu betragen, den Beamten, Meistern und Arbeitern der Firma jederzeit die schuldige Achtung zu erweisen und zu seinen Mitlehrlingen ein gutes, kameradschaftliches Verhältnis zu pflegen.

Allen Anordnungen seiner Vorgesetzten hat der Lehrling willig und genau nachzukommen, die für ihn geltende Arbeitszeit pünktlich einzuhalten, die Unfallverhütungsvorschriften und die Vorschriften der Arbeitsordnung gewissenhaft zu beachten. Ohne Erlaubnis seiner Vorgesetzten darf der Lehrling während seiner freien Zeit für Entgelt anderweitige Beschäftigung nicht ausüben. Der Lehrling ist verpfichtet, seine Arbeiten fleißig und gewissenhaft auszuführen, die Betriebseinrichtungen mit größter Sorgfalt zu behandeln, über alle Geschäftsverhältnisse und Arbeitsverfahren gegen Dritte strengstes Stillschweigen zu beachten, überhaupt das Interesse der Firma in jeder Beziehung zu wahren. Für vorsätzlich, mutwillig oder grobfahrlässig angerichteten Schaden kann sich die Firma auch an der Vergütung des Lehrlings schadlos halten. Grober Vertrauensbruch durch den Lehrling berechtigt die Firma zur sofortigen Entlassung.

Der Lehrling ist nach den behördlichen Vorschriften und etwaigen Sonderbestimmungen seiner Firma verpflichtet, Gewerbe- und Fortbildungs-

---

[61]) Dieser Absatz der Prämiengewährung steht nur in Formular B. Formular A enthält ihn nicht. Je nach Wunsch der Firma und den örtlichen Gepflogenheiten wird A oder B angewendet.

schulen (Sonntagsschulen, Werkschulen), sowie auch besondere Kurse regelmäßig und pünktlich zu besuchen und die Schulzeugnisse sofort nach Erhalt der Firma vorzulegen. Die Lehrer der betreffenden Schulen und Kurse sind Vorgesetzte des Lehrlings.

Der Lehrling gehört der Krankenkasse an, die nach der Reichsversicherungsordnung für das Werk in Betracht kommt. Die Zugehörigkeit zu einer gesetzlich anerkannten Ersatzkasse ist nur mit Zustimmung des Lehrherrn gestattet. Die vom Lehrling zur Krankenkasse, sowie zur Invaliditäts- und Altersversicherung zu zahlenden Beiträge werden von den ihm gewährten Vergütungen abgezogen.

Ist der Lehrling gezwungen, von der Arbeit oder irgendwelchen Veranstaltungen, an denen er teilnehmen soll, fernzubleiben, so hat er seinen Vorgesetzten unverzüglich über den Grund seines Fernbleibens Nachricht zu geben. Unberechtigtes Fernbleiben wird nachdrücklich bestraft.

Will der Lehrling Vereinigungen irgendwelcher Art beitreten, so hat er vorher die ausdrückliche Erlaubnis seiner Firma dazu einzuholen. Die Firma behält sich das Recht vor, den Beitritt zu Vereinigungen und die Beteiligung an Veranstaltungen derselben zu verbieten und den Lehrling im Falle der Zuwiderhandlung zu entlassen.

Wirtshäuser und öffentliche Vergnügungslokale soll der Lehrling nur mit ausdrücklicher Erlaubnis seines gesetzlichen Vertreters und in Begleitung Erwachsener besuchen.

§ 5. Pflichten des gesetzlichen Vertreters.

Der gesetzliche Vertreter des Lehrlings verpflichtet sich, dafür zu sorgen, daß das Betragen des Lehrlings außerhalb der Arbeitszeit überwacht wird, daß er zu einem ordentlichen, gesitteten Lebenswandel und zur Erfüllung der aus dem Lehrvertrag ihm obliegenden Verpfichtungen angehalten wird, und übernimmt es ferner, für angemessene Wohnung, Bekleidung und Beköstigung des Lehrlings zu sorgen.

Er erklärt sich weiter damit einverstanden, daß das der Firma zustehende Erziehungsrecht auf die mit der Ausbildung des Lehrlings ausdrücklich betrauten Personen übertragen wird, und verpflichtet sich, die Bemühungen derselben in der Erziehung des Lehrlings nach Kräften zu unterstützen.

§ 6. Allgemeine Bestimmungen: Auflösung des Lehrvertrags.

Soweit in diesem Vertrage nichts anderes bestimmt ist, regelt sich das Lehrverhältnis nach der Reichsgewerbeordnung, insbesondere nach den im Anhange zu § 6 des Lehrvertrags aufgeführten Bestimmungen, der Arbeitsordnung der Firma und der Satzung der von der Firma für den Lehrling bestimmten Krankenkasse.

Nach Ablauf der Probezeit kann das Lehrverhältnis außer in den in § 4 des Lehrvertrags angeführten Fällen vorzeitig gelöst werden, wenn ein gesetzlicher Auflösungsgrund nach den §§ 127b und 127e in Verbindung mit den §§ 123, 124 Ziffer 1, 3 bis 5 der Reichsgewerbeordnung vorliegt (siehe Anhang zu § 6), ferner dann, wenn die Firma gezwungen ist, den Betrieb ganz oder teilweise einzustellen.

Bei Betriebsstörungen, Arbeitseinschränkungen, Streiks, Aussperrungen und in sonstigen Ausnahmefällen behält sich die Firma das

Recht vor, den Lehrling nach den Betriebsmöglichkeiten zu beschäftigen oder zu beurlauben, ohne daß daraus das Recht der einseitigen Auflösung des Lehrvertrags hergeleitet werden kann.

Erfüllungsort für alle Ansprüche aus diesem Vertrage ist der Sitz der Firma.

§ 7. Sonstige Vereinbarungen.

....

....

Dieser Vertrag ist doppelt ausgefertigt und die Unterzeichneten bescheinigen durch eigenhändige Namensunterschrift, daß sie mit den Bestimmungen desselben einverstanden sind und sie als bindend anerkennen. Eine Ausfertigung ist dem gesetzlichen Vertreter des Lehrlings ausgehändigt worden.

Ort und Datum: ....

Die Firma:	Der gesetzliche Vertreter des Lehrlings:
....	....

Der Lehrling: ....

Auf der Rückseite des Lehrvertrags stehen Bemerkungen, in denen einzelne Erläuterungen zu dem Inhalt gegeben werden, insbesondere zu § 6 über die Lösung des Lehrverhältnisses. Um außerdem Änderungen des Vertrages möglichst zu vermeiden, hat der Verein deutscher Maschinenbauanstalten umfangreiche Bemerkungen dazu herausgegeben, in denen dargelegt wird, warum man gerade diese Fassung gewählt hat.

Nach einer Umfrage[62]) 1918 bei 76 Firmen verwenden 15 Werke diesen Vertrag im Original, 14 mit Änderungen, 40 Werke haben eigene Verträge, sechs Vordrucke von anderen Vereinigungen oder von Kammern. Der vom Verein deutscher Maschinenbauanstalten aufgestellte Vordruck scheint aber noch allgemeiner verbreitet zu sein, als aus vorstehenden Zahlen hervorgeht, da ausdrücklich[63]) erwähnt wird, daß er Gemeingut der mechanischen Industrie geworden sei.

Es wird jedoch auch darauf hingewiesen[64]), daß es unter Umständen zweckmäßig ist, vom Abschluß eines Lehrvertrages abzusehen,

---

[62]) Utzinger, 1919, S. 103.

[63]) Lippart, 1919, S. 6.

[64]) Sitzungsbericht des Deutschen Ausschusses für technisches Schulwesen, mitg. in Abhandl. usw., 1912, S. 275.

da sich auf diese Weise die Möglichkeit bietet, Lehrlinge, die sich nicht bewähren, jederzeit entlassen zu können; oft stelle sich erst nach längerer Zeit die Ungeeignetheit des Bewerbers heraus. Jedoch liegt bei Fehlen eines Lehrvertrages die große Gefahr vor, daß auch der Lehrling ohne weiteres die Arbeitsstätte verläßt, um sich an anderer Stelle sein Brot zu verdienen, und in der Tat wird immer wieder von den verschiedensten Seiten über Vertragsbrüche durch Lehrlinge geklagt, so daß mitunter[65]) ausdrücklich Konventionalstrafen hierfür vorgesehen sind. Die Möglichkeit eines höheren Verdienstes ist oft, vor allem im Kriege[66]) der Anlaß gewesen, daß Eltern gebeten haben, das Lehrverhältnis zu lösen und den Jungen entweder völlig zu entlassen, oder als ungelernten Hilfsarbeiter, oder vermittels der bereits erworbenen Kenntnisse als angelernten Arbeiter zu beschäftigen. Als Mittel gegen den Kontraktbruch wird in vielen Fällen ein Teil der den Lehrlingen gewährten Entlohnung zurückbehalten und erst nach ordnungsmäßiger Beendigung der Lehrzeit, z. T. mit Zinsen, ausbezahlt, während bei unbegründetem vorzeitigen Austritt der Betrag der Firma zum eigenen Gebrauch verfällt oder einer Wohlfahrtskasse zufließt.

Lehrzeit. Über die Dauer der Lehrzeit in der Maschinenindustrie lauten die verschiedenen Angaben übereinstimmend dahin, daß im allgemeinen eine Lehrzeit von vier Jahren, in einigen besonders begründeten Fällen eine solche von drei Jahren zur Anwendung kommt, während mehr als vier und weniger als drei Jahre nur als vereinzelt vorkommende Ausnahmen gelten dürfen. Eine Ermäßigung auf drei Jahre findet wohl statt, wenn in dem betreffenden Berufszweig eine geringere Handfertigkeit notwendig ist, wenn ein geringeres Angebot von Bewerbern vorliegt oder sonstige örtliche Verhältnisse, vor allem die Gepflogenheiten anderer Firmen und Industrien am Ort, dazu zwingen. Über Mangel an Angebot wird geklagt für die[67]) Former, Gießer und Schmiede, weshalb hier vielfach nur drei Jahre gelernt wird, während man wegen der geringeren Schwierigkeit des Gewerbes bei Fräsern, Hoblern, Bohrern, Spenglern und Lackierern mit drei Jahren auskommt. Im Krieg hat die Lehrzeit wegen der besonderen Verhältnisse manchmal[68]) auf zwei Jahre verkürzt werden müssen, doch ist man sich darüber einig, daß diese Maßnahme als Notbehelf wieder fallen gelassen werden muß.

---

[65]) Löwe.

[66]) Thyssen.

[67]) Frölich, a. a. O., 1912, S. 14. Lippart, a. a. O., 1912, S. 4. Rippelt, a. a. O., 1911, S. 4. Löwe, S. 5. Maschinenfabrik Augsburg-Nürnberg, Jahresbericht 1917/18, S. 8, 16, 21. Götte, a. a. O., 1919, S. 49.

[68]) Lippart, a. a. O., 1919, S. 6.

Eine Verkürzung der Lehrzeit kann mitunter auch durch Zahluung eines Lehrgeldes oder durch Verzicht auf Prämien usw. durch den Lehrling herbeigeführt werden. Das Eintrittsalter ist manchmal auf die Dauer des Lehrverhältnisses von Einfluß. Eine Firma hat die Bestimmung getroffen, daß Lehrlinge, die mit 14 Jahren eintreten, fünf Jahre, solche mit 15 Jahren vier Jahre und die, die mit 16 Jahren eintreten, nur drei Jahre zu lernen brauchen[69]). Man nimmt hierbei anscheinend an, daß die älteren Lehrlinge gereifter sind und mit mehr Ernst an die Arbeit herangehen, ein Grund, den man wohl auch für die Einführung eines höheren Eintrittsalters angibt. Im Jahre 1911 ergab eine Rundfrage bei 75 Firmen eine vierjährige, bei 72 eine dreijährige Lehrzeit, wobei jedoch ausdrücklich betont wird, daß die kürzere Lehrzeit durch besondere Verhältnisse bedingt sei. Einige Firmen[70]) sind zur Einführung der dreijährigen Lehrzeit gekommen, da am Ort durchweg überall diese Dauer besteht und sonst sich keine Lehrlinge gemeldet hätten. 1918 hatten von 59 Betrieben[71]) 65% die vierjährige, 5% die $3^1/_2$jährige und 30% die dreijährige Lehrzeit. Auch hier richtet sich die Länge nach der Schwierigkeit des Berufes. Andere Firmen lassen[72]) bei guter Führung und ebensolchen Leistungen eine Verkürzung der vierjährigen Lehrzeit um $^1/_4$ bis ein volles Jahr eintreten. Von anderer Seite[73]) wird an sich eine Lehrzeit von drei Jahren für ausreichend gehalten, eine vierjährige jedoch befürwortet und angewendet, um im letzten Jahre der Lehrzeit die billige Arbeitskraft des Lehrlings ausnutzen zu können und so eine Entschädigung für die aufgewendete Mühe zu erhalten. Diese Absicht der Ausnutzung des Lehrlings herrscht vor allem dort vor, wo eine mehr als vierjährige Lehrzeit angewendet wird[74]), wobei die höchst vorkommende Dauer auf sechs Jahre angegeben wird[75]).

Eine Erhöhung der Lehrzeit hat sich bei einer Firma als notwendig erwiesen, bei der 1908[76]) nur die Maschinenbauer vier Jahre, alle anderen aber drei Jahre lernten, während 1918 nur Hobler,

---

[69]) Sitzungsbericht des Deutschen Ausschusses für technisches Schulwesen, 1912, S. 80.

[70]) Lippart, a. a. O., 1912, S. 4: 5 von 51.

[71]) Utzinger, 1919, a. a. O., S. 98.

[72]) Lippart, a. a. O., 1912, S. 4: 2 von 51.

[73]) Lippart, a. a. O., 1912, S. 4: 7 von 51.

[74]) Frölich, Das Lehrlingswesen in der Industrie, mitg. in den Schriften der Zentralstelle für Volkswohlfahrt, 1912, S. 376.

[75]) Brandt, a. a. O., 1912, S. 110.

[76]) Kohlmann, Die Lehrlingsschule der Firma Ludw. Löwe & Co., A.-G., Berlin, Werkstattechnik, 1908, S. 363.

Fräser und Kernmacher, also nur Berufe mit geringerer Handfertigkeit drei Jahre, alle übrigen aber vier Jahre lernten[77]).

Probezeit. Die gesetzlich vorgeschriebene Probezeit von vier Wochen bis drei Monate findet sich überall, wenn auch mitunter[78]) eine ausdrückliche Erwähnung im Lehrvertrag nicht stattfindet, sondern dies der mündlichen Vereinbarung überlassen bleibt.

Je nach den örtlichen Verhältnissen ist manchmal auch bei derselben Firma bei den einzelnen Berufen die Probezeit kürzer oder länger. So beträgt sie z. B. in einem Fall[79]) für Former und Kernmacher vier Wochen, für alle anderen Berufe drei Monate, wobei von Interesse ist, daß früher hier durchweg drei Monate üblich waren[80]).

Manchmal[81]) werden zwei Monate für ausreichend gehalten, während andere Firmen ausdrücklich betonen, daß sich eine dreimonatliche Probezeit als unbedingt erforderlich erwiesen habe, da es sehr lange dauere, bis man mit Sicherheit ein Urteil über die Tauglichkeit oder Untauglichkeit des Lehrlings fällen könne[82]). Beträgt die Probezeit an sich nur vier Wochen, so findet sich auch wohl hierbei noch ein einseitiges Rücktrittsrecht des Lehrherrn bis zur Dauer von drei Monaten[83]). Nach Ablauf der Probezeit von drei Monaten kann das Lehrverhältnis einseitig durch den Lehrherrn laut Vertragsbestimmung in einigen Fällen gelöst werden bei dauernder Faulheit, Unbotmäßigkeit des Lehrlings sowie dann, wenn sich herausstellt, daß dieser keine Neigung oder kein Geschick zu dem betreffenden Beruf hat[84]). Eine Art Vorstufe findet sich wohl auch, wenn sie auch nicht aus der Maschinenindustrie berichtet wird. Ein Junge arbeitet bei einem Dreher ein Jahr als Hilfsarbeiter und tritt dann, wenn er sich bewährt hat, als Lehrling ein[85]).

Einstellungstermine. Bei der Entscheidung, ob nur an bestimmten Terminen eingestellt werden soll oder so, wie sich die Jungen melden, spielt der Stand der Lehrlingsausbildung des betreffenden Werkes eine Rolle. Betriebe mit systematischer Lehre, vor allem solche mit regelrechtem Lehrplan werden nur an be-

[77]) Löwe, S. 5.

[78]) Frölich, a. a. O., 1912, S. 15.

[79]) Löwe, S. 5.

[80]) Kohlmann, a. a. O., 1908, S. 363.

[81]) Maschinenfabrik Augsburg-Nürnberg, S. 8, 16, 20.

[82]) v. Voß, Zur Frage der Ausbildung von Lehrlingen für die Großindustrie, Werkstattstechnik, 1911, S. 288.

[83]) Frölich, a. a. O., 1912, S. 15.

[84]) Frölich, a. a. O., 1912, S. 15.

[85]) Frölich, a. a. O., 1912, S. 216.

stimmten Tagen einstellen[86]). Doch finden sich auch hiervon Ausnahmen insofern, als die Werkstattätigkeit jederzeit begonnen werden kann, während der Eintritt in die Schule nur an bestimmten Tagen erfolgt[87]), oder daß[88]) der Eintritt in die Fortbildungsschule sofort nach der Schulentlassung erfolgt, während die Werkstattätigkeit erst nach vollendetem 14. Lebensjahre aufgenommen wird. Die Daten der Einstellungstage sind ganz verschieden; so finden sich

Der 1. August	in Nürnberg[89]),
Ende Juli	in Augsburg[90]),
Der 1. März und 1. Juli	in Gustavburg[91]),
Der 1. April und 1. Oktober	in Berlin[92]).

Außer durch sonstige örtliche Verhältnisse erklärt sich die Verschiedenheit durch die unterschiedliche Lage des Tages, an dem die Volksschule abschließt. Die Werke richten sich hiernach, indem sie entweder unmittelbar anschließen oder eine Pause von bestimmter Länge einschieben.

Lehrgeld. Ein Lehrgeld, dessen Zahlung im Handwerk üblich ist, wird in der Maschinenindustrie nur als vereinzelte Annahme angetroffen, so

1911 bei 18 Fabriken einmal[93]),
1912 „ 51 „ gar nicht[94]).

In der Industrie der elektrischen Maschinen dagegen wird sehr oft ein Lehrgeld in Höhe von 300 Mark erhoben, und zwar wird ausdrücklich betont, daß selbst bei doppeltem Satz noch genügend Angebot vorhanden sein würde[95]). Bei einer Firma sind hierbei wiederum von der Zahlung des Lehrgeldes die Söhne von eigenen Beamten und Arbeitern befreit[96]). 1918[97]) ergab sich bei einer Umfrage der Maschinenindustrie (einschließlich elektrischer Maschinen und Mechanik), daß eine Firma Lehrgeld von allen Lehrlingen, einige Firmen nur von Nichtwerksangehörigen erheben.

Im allgemeinen wird nicht nur kein Lehrgeld gezahlt, sondern im Gegenteil oft noch freier Unterricht in der Fortbildungsschule

[86]) Löwe, Maschinenfabr. Augsburg-Nürnbg. v. Voß, a. a. O., 1911, S. 286.
[87]) Sulzer, a. a. O., 1911, S. 245.
[88]) Utzinger, 1919, a. a. O., S. 96.
[89]) Maschinenfabrik Augsburg-Nürnberg, S. 8.
[90]) Maschinenfabrik Augsburg-Nürnberg, S. 16.
[91]) Maschinenfabrik Augsburg-Nürnberg, S. 21.
[92]) Löwe, S. 3. v. Voß, a. a. O., S. 287.
[93]) Rieppel, 1911, a. a. O., S. 4.
[94]) Lippart, 1912, a. a. O., S. 7.
[95]) Sitzungsbericht des Deutschen Ausschusses für technisches Schulwesen, 1912, S. 88.
[96]) v. Voß, a. a. O., 1911, S. 288.
[97]) Utzinger, 1919, a. a. O., S. 98.

gewährt und außerdem noch eine mit den Fähigkeiten und dem Alter steigende Entlohnung gezahlt.

Entlohnung. Die Höhe dieses gezahlten Lohnes und die Abstufungen sind bei den einzelnen Firmen verschieden, wobei vor allem örtliche Verhältnisse und hier wieder die allgemeine Lohnhöhe maßgebend sind. Bei einer Firma wurden früher[98]) keine festen Lohnsätze gezahlt, sondern die Regelung den einzelnen Meistern auf Grund der Leistungen des Lehrlings überlassen. Später ist man hier zu festen Lohnsätzen übergegangen, und zwar erhalten:

Halbjahr	Maschinenbauer Werkzeugschlosser Dreher	Hobler und Fräser	Modelltischler	Former	Kernmacher
	Pf./Std.	Pf./Std.	Pf./Std.	Mk./Woche	Mk./Woche
1.	—	10	—	5	5
2.	5	10	5	5	5
3.	6	15	6	6	6
4.	8	20	12	6	6
5.	10	25	16	7,50	7,50
6.	15	30	25	7.50	7,50
7.	25	—	30	10	—
8.	30	—	—	10	—

Former und Kernmacher erhalten einen Wochenlohn in Mark und dürfen während der zwei letzten Jahre im Akkord arbeiten, wobei sie im vorletzten Jahre die Hälfte, im letzten Lehrjahre zwei Drittel des Akkordes ausbezahlt bekommen. An anderer Stelle beträgt die Entschädigung

	Wochenlohn Pf./Std.	Teuerungszulage Mk./Woche
Im 1. Lehrjahre	6 (15)	1,20 (1,50)
„ 2. „	8 (18)	1,50 (2.—)
„ 3. „	10 (21)	2,— (2,50)
„ 4. „	12 (—)	2,50 (—)

Former, für die nicht genügend Anwärter sich melden, werden höher entlohnt; außerdem ist die Lehrzeit auf drei Jahre herabgesetzt; für diese gelten die Zahlen in Klammern.

Ein drittes Werk[99]) bezahlt:

	Hammer- und Kesselschmiede	Former	Sonstige
	Pf./Std.	Pf./Std.	Pf./Std.
1. Jahr	16	16	6
2. Jahr	20	20	8
3. Jahr	24	24	10
4. Jahr	28	—	12

[98]) Kohlmann, a. a. O., 1908, S. 363.
[99]) Maschinenfabrik Augsburg-Nürnberg, 1917/18, S. 16.

Während des Krieges wurde hier außerdem eine wöchentliche Teuerungszulage von 5 Mark gezahlt.

An einer vierten Stelle waren die Unterschiede nicht so groß[100]).

Halb-jahr	Kessel-schmiede Pf./Std.	Sonstige Berufe Pf./Std.	Teuerungs-zulage Mk./Woche
1.	10	6	1,50
2.	12	8	1,50
3.	14	10	2,—
4.	16	12	2,—
5.	18	14	2,50
6.	20	16	2,50
7.	24	20	3,—
8.	28	24	3,—

Für das Jahr 1911 wird angegeben, daß in der Maschinenindustrie eine Entschädigung sofort vom Eintritt an gezahlt werde[101]), und zwar in verschiedener Höhe und Form[102]). Für das gleiche Jahr ergab eine Umfrage bei 180 Maschinenfabriken folgendes Bild[103]):

	Stundenlohn Pf.	Durchschnitt Pf.
1. Jahr	3—10	5,6
2. „	4,5—13	8,0
3. „	6—18	10,6
4. „	7—12,5	13,6

„Bei der Berechnung der Durchschnittszahlen wurde sowohl die Zahl der Lehrlinge als auch der Lohnsatz bei den einzelnen Firmen berücksichtigt.“

1912 fanden sich bei 51 Maschinenfabriken mit 75 Lehrlingen[104]) die Lohnsätze:

	Stundenlohn, Pf.
1. Jahr	3—15
2. „	6—19
3. „	7—25
4. „	9—30

Bei Formern und Kesselschmieden erhöhen sich aus den oben angeführten Gründen diese Sätze.

100) Maschinenfabrik Augsburg-Nürnberg, 1917/18, S. 21.
101) Rieppel, a. a. O., 1911, S. 4
102) Frölich, a. a. O., 1912, S. 377.
103) Frölich, a. a. O., 1912, S. 15.
104) Lippart, a. a. O., 1912, S. 7.

1918[105]) werden genannt:

4 Pf. bis 40 Pf. Stundenlohn,
30 Pf. „ 3 Mk. Tagelohn,
3 Mk. „ 14 Mk. Wochenlohn.

Die Zahlung der Vergütung ist meist im Lehrvertrag festgelegt, in einigen Fällen aber auch unverbindlich dem freiwilligen Ermessen der Firma überlassen[106]).

Auf den Lohn des Facharbeiters, dem der Lehrling unter Umständen zugeteilt ist, üben dessen Tätigkeit und Lohn zunächst keinen Einfluß aus. Doch wird in einigen Fällen[107]) dem Gesellen ein etwaiger Lohnausfall ersetzt. Ob allerdings ein Mehrverdienst infolge der Arbeit des Lehrlings in Abzug gebracht wird, ist an dieser Stelle nicht gesagt. Der Mehrverdienst soll als Entgelt für die aufgewendete Mühe und als Ansporn hierzu angesehen werden. Erst später, wenn der Nutzen der Hilfskraft sich mehr gesteigert hat, erhält der Facharbeiter von dem ausgerechneten Akkord einen kleinen Abzug[108]). Am Schlusse der Lehrzeit arbeitet der Lehrling oft völlig selbständig und wird mitunter sogar im Akkord beschäftigt, wobei er entweder den ganzen Akkord oder einen Teil davon ausgezahlt erhält.

2. Ausbildung.

a) Praktische Ausbildung.

Die praktische Ausbildung des Lehrlings ist bei weitem die Hauptsache, ihr ist deshalb die größte Sorgfalt zuzuwenden; selbst eine noch so gewissenhafte theoretische Unterweisung, bei der auch auf die allgemeine Erziehung Wert gelegt wird, ist wertlos bei mangelhafter Werkstattausbildung; denn diese ist so wichtig, daß sie etwa drei Viertel bis neun Zehntel der gesamten[109]), auf die Heranbildung verwendeten Zeit in Anspruch nimmt. Die hier empfangenen Eindrücke und Belehrungen sind also in erster Linie ausschlaggebend.

Ausbildung nur im Betrieb. Als erste Möglichkeit, dem Lehrling die für den erwählten Beruf notwendigen praktischen Kenntnisse,

---

[105]) Utzinger, a. a. O., 1919, S. 98.

[106]) Lippart, a. a. O., 1912, S. 7.

[107]) Götte, Mittel zur Förderung des Angebots und der Ausbildung des Nachwuchses für die Facharbeiter der mechanischen Industrie, Leipzig 1919, S. 45.

[108]) Brandt, a. a. O., 1912, S. 119.

[109]) Deutscher Ausschuß für technisches Schulwesen, a. a. O., 1912, S. 214.

insbesondere die erforderlichen Handfertigkeiten beizubringen, kommt die unmittelbare Zuweisung an einen im Betriebe beschäftigten Arbeiter in Betracht, der dafür zu sorgen hat, daß der Junge alles Notwendige lernt. Dieses Verfahren wird sehr häufig angewendet, es scheint die Regel zu sein[110]). In anderer Weise kann eine Zuteilung zu einer bestimmten Akkordgruppe erfolgen, wo der Lehrjunge in der Kolonne mitarbeitet und von den einzelnen Arbeitern die verschiedenen Kenntnisse beigebracht erhält. Die Oberaufsicht und Verantwortung hat hierbei der Kolonnenführer. Um Einseitigkeit zu vermeiden, tritt bei dieser Anwendung ein häufiger Kolonnenwechsel ein.

Ein Nachteil dieses Verfahrens liegt vor allem darin, daß die Verwendung des Lehrlings als Hilfsarbeiter für den Lehrer sehr vorteilhaft ist und deshalb naheliegt. Der einzelne im Akkord arbeitende Arbeiter und noch mehr die Akkordgruppe haben vor allem ein Interesse an hohem Verdienst, den sie am leichtesten erreichen, wenn sie sich selbst zunächst von allen leichten Arbeiten, die auch der Lehrling verrichten kann, entlasten und dafür hochwertige, schwer zu lernende Handgriffe ausführen. Dieser Gefahr kann abgeholfen werden durch Erhöhung des Akkordsatzes, so daß die durch die Unterweisung verlorene Zeit ersetzt wird, ferner durch Erteilung einer Sonderprämie[111]) bei guter Ausbildung, die am Schluß zu prüfen wäre, schließlich durch Einführung des Stundenlohnes für diese Arbeiter.

Nur Lehrwerkstatt. Als zweite Möglichkeit kann man die praktische Ausbildung völlig losgelöst von der Fabrikwerkstatt betreiben, in Fachschulen mit Werkstättenbetrieb[112]), kurz Lehrwerkstätten oder Lehrfabriken genannt. Über derartige Einrichtungen liegen in Deutschland Erfahrungen von vier norddeutschen und drei bayrischen Anstalten vor, die sich in der Hauptsache dadurch unterscheiden, daß in Preußen Arbeiter für einen bestimmten Industriezweig und ein bestimmtes Industriegebiet ausgebildet werden, während in Bayern für die Maschinenindustrie ganz allgemein gesorgt werden soll; in Preußen sind dies: Die Fachschule für Kleineisen- und Stahlwaren-Industrie des Bergischen Landes in Remscheid, die Fachschule für die Eisen- und Stahl-Industrie des Siegener Landes in Siegen, die Fachschule für die Kleineisen- und Stahlwaren-Industrie Schmal-

[110]) Deutscher Ausschuß für technisches Schulwesen, a. a. O., 1912, S. 215.

[111]) Frölich, a. a. O., 1912, S. 221.

[112]) Götte, Fachschulen mit Werkstättenbetrieb zur Ausbildung von Arbeitskräften für die Maschinen- und sonstige Eisenindustrie, mitg. in Abhandl. usw., Bd. 3, 1912, S. 39 ff.

kalden[113]), und die Fachschule für die Metallindustrie in Iserlohn[114]). Veranlassung zur Gründung war die schlechte wirtschaftliche Lage der betreffenden Industrie, hervorgerufen vor allem durch Mangel an gut ausgebildeten Facharbeitern, wobei infolge einer sehr weitgehenden Spezialisierung und der geringen Größe der einzelnen Firmen eigene Lehrwerkstätten nicht in Betracht kamen. Für die Maschinenindustrie kommen diese Schulen höchstens insofern in Frage, als einige der dort ausgebildeten Schüler später in Maschinenfabriken arbeiten; doch ist der Prozentsatz dieser Leute außerordentlich niedrig, wenn auch bestimmte Zahlen hierüber noch fehlen.

Die bayrischen Lehrwerkstätten führen den Namen Maschinenbau-Schulen und befinden sich in Landshut, Kaiserslautern und Ansbach. Die Dauer der Werkstattausbildung beträgt bei allen drei Anstalten drei Jahre, und zwar haben zwei wöchentlich 36, 30 und 30 Stunden, die dritte Schule 36, 33 und 26 Stunden[115]) Werkstattdienst in den einzelnen Jahren. Die Klage, daß auf diesen Schulen eine weniger gute Lehre erteilt werde als in den Fabriken, hat wohl ihren Grund darin, daß hier in allen Berufen gleichmäßig unterrichtet wird, so daß der Junge sich erst nach Ablauf der Schulzeit entscheidet, ob er Schlosser, Former oder Schmied wird[116]). Die allgemeine Ausbildung wird hierbei wohl zu weit getrieben. Würde man von vornherein Schlosser, Schmiede und Former scheiden, so würde die Zusatzausbildung, die diese Lehrlinge später noch in der Fabrik erhalten müssen, weniger ins Gewicht fallen, da sie das Fehlende leicht in einem Jahre nachholen könnten und in der Industrie vielfach sowieso vier Jahre gelernt wird.

Ein wesentlicher Unterschied gegenüber der Fabriklehre besteht in den erheblichen Kosten, die die Schüler der reinen Lehrwerkstätte aufzuwenden haben, da sie Schulgeld zahlen müssen, während in der Industrie noch verdient wird[117]). Den Weg einer teilweisen Aufhebung dieses Nachteiles hat die dem gleichen Zweck dienende und ähnlich aufgebaute Schule in Bern gewiesen, die durch Verkauf der Erzeugnisse einen Erlös erzielt, aus dem vom zweiten Jahre an eine steigende Bezahlung stattfindet.

1918 werden zwei Firmen erwähnt, die ihre Lehrlinge nur in einer eignen Lehrabteilung ausbildet und erst als fertige Gehilfen in

---

113) Götte, a. a. O., 1912, S. 41.

114) Frölich, Gesellenprüfung der Industrielehrlinge, Leipzig 1919, S. 108.

115) Götte, a. a. O., 1912, S. 50.

116) Götte, a. a. O., 1912, S. 57.

117) Für das Handwerk hat sich diese Art der Ausbildung auch als unbrauchbar erwiesen. Cölsch, a. a. O., S. 184 ff.

die Werkstatt bringen. Da sich aber die Umfrage, bei der sich diese Tatsache ergab, auch auf die feinmechanische Industrie erstreckte, ist nicht ersichtlich, ob die genannten Firmen der Maschinenindustrie angehören. Trotzdem durfte die Tatsache nicht unerwähnt bleiben.

Erst Lehrlingsabteilung, dann Betrieb. Die dritte, vollkommenste Art der praktischen Ausbildung, die sich vor allem bei großen Werken mit systematischer Heranziehung des Nachwuchses findet, stellt gewissermaßen eine Verbindung der beiden ersten Möglichkeiten dar. Der Lehrling kommt hier während der ersten Wochen, Monate oder Jahre in eine getrennte Abteilung, die sogenannte Lehrlingsabteilung und wird erst später, nachdem er die Grundlagen genügend beherrscht, dem allgemeinen Betrieb überwiesen. Daß manchmal an der theoretischen Fortbildungsschule ein sogenannter Handfertigkeitsunterricht zur Ergänzung der praktischen Lehre stattfindet, kann hier übergangen werden, da er vor allem entweder für das Handwerk oder bei der Erziehung der ungelernten Fabrikarbeiter Nutzen stiften kann.

Während schon 1906 die Zweckmäßigkeit dieser Einrichtung der Lehrlingsabteilung[118]) anerkannt wurde[119]), war sie 1911, auf die gesamte Industrie bezogen, noch verhältnismäßig selten[120]). Eine Umfrage vom selben Jahre allerdings ergab bei 51 Maschinenfabriken[121]), daß elf von ihnen schon Lehrlingsabteilungen hatten und eine zwölfte Firma die Einrichtung plante. Bei der Kostspieligkeit der Anlage ist dies ein hoher Prozentsatz, und wenn man beachtet, daß jede dieser 51 Fabriken mehr als 75 Lehrlinge ausbildet, so kann man wohl sagen, daß im allgemeinen besondere Lehrlingsabteilungen noch wenig verbreitet waren, daß aber die großen Werke der Maschinenindustrie in weitem Umfange hier bahnbrechend und führend vorangegangen sind. In den letzten Jahren ist die Entwicklung in dieser Richtung einen großen Schritt weiter vorwärts gegangen, 1918 wurde bei einer Umfrage bei 60 Firmen gefunden, daß 39 eine Lehrlingsabteilung hatten und 21 nur im Betrieb ausbildeten. Gegen 1911 bedeutet dies eine gewaltige Entwicklung.

Ansätze zu besonderen Abteilungen finden sich bei anderen Firmen, bei denen der Lehrling zuerst Übungsstücke anfertigen muß,

---

118) Cölsch, a. a. O., S. 166, gebraucht „Lehrlingswerkstätte" in einem andern Sinne; in der Maschinenindustrie wird der Ausdruck sehr häufig für den vorliegenden Fall, also Lehrlingsabteilung, gebraucht.

119) Altenrath, a. a. O., 1911, S. 222.

120) Frölich, a. a. O., 1912, S. 16.

121) Lippart, a. a. O., 1912, S. 5.

ehe er in der laufenden Fabrikation beschäftigt wird, doch dauert diese Tätigkeit manchmal nur wenige Tage, meist einige Wochen, selten ein Jahr[122]), während die besonderen Lehrlingsabteilungen ein bis zwei Jahre besucht werden müssen[123]). Die Lehrlingsabteilungen enthalten alles Handwerkszeug, sowie die notwendigen Werkzeugmaschinen[124]).

Für verschiedene Berufe ist mitunter auch eine Unterscheidung getroffen, so daß hier der Aufenthalt in der Lehrlingsabteilung verschieden lang bemessen wird, für Mechaniker z. B. kürzer als für Schlosser[125]), oder daß einige Berufe in gesonderten Abteilungen unterrichtet werden, während die anderen sofort im Betriebe zur Verwendung gelangen. So findet sich einmal[126]) eine Lehrabteilung nur für Schlosser und Dreher, während in einem anderen Falle die getrennte Abteilung die Regel ist und nur die Werkzeugschlosser[127]) als Ausnahme von einzelnen Arbeitern ausgebildet werden. Als besonders vorteilhaft wird die Lehrabteilung für die Gießerei empfohlen, da hier die Gefahr, den Neuling als Hilfsarbeiter zu verwenden, besonders groß ist[128]).

Gesonderte Lehrlingsabteilungen können zunächst nur von größeren Werken, die über die genügende Anzahl Lehrlinge verfügen, eingerichtet werden. Der Gedanke liegt nahe, daß sich kleinere Betriebe vereinigen und eine gemeinsame Lehrlingsabteilung unterhalten. Dies ist neuerdings in Siegen geschehen[129]), wo mehrere Firmen im Anschluß an die dortige Fachschule eine Lehrwerkstatt für Former und Gießer eingerichtet haben, in der die Lehrlinge ein ganzes Jahr beschäftigt werden. Sie müssen vor Eintritt mit einer Firma einen Lehrvertrag abgeschlossen haben und treten nach Ablauf des ersten Jahres in die Betriebswerkstatt der betreffenden Firma über.

Betont wird hierbei[130]), daß diese gemeinsame Lehrlingsabteilung verhältnismäßig teurer arbeitet, als die eigene Abteilung bei größeren Werken. Es ist aber zu berücksichtigen, daß bei eigener Lehrlingsabteilung ein Teil der Unkosten auf einem anderen Konto verrechnet

---

[122]) Lippart, a. a. O., 1912, S. 6.

[123]) Lippart, a. a. O., 1912, S. 5. Altenrath, a. a. O., 1912, S. 229 und 238.

[124]) Altenrath, a. a. O., 1912, S. 239.

[125]) Altenrath, a. a. O., 1912, S. 232.

[126]) Altenrath, a. a. O., 1912, S. 230.

[127]) Brandt, a. a. O., 1912, S. 115.

[128]) Deutscher Ausschuß für technisches Schulwesen, a. a. O., 1912, S. 279.

[129]) Götte, a. a. O., 1919, S. 48.

[130]) Götte, a. a. O., 1919, S. 49.

wird und daher nicht unmittelbar in die Erscheinung tritt. So sehr groß kann der Kostenunterschied nicht sein.

Die Erfolge der besonderen Abteilungen werden vor allem auch von solchen Firmen anerkannt, die sich erst nach langem Festhalten an der reinen Betriebslehre zu besonderen Werkstätten entschlossen haben[131]).

Vor dem Eintritt in die Betriebswerkstatt muß mitunter ein Probestück angefertigt werden, während andererseits eine Zurückversetzung des Lehrlings in die Lehrabteilung erfolgen kann, wenn er in seinen Leistungen im Betriebe nachläßt, oder wenn er sich vor Abschluß der Lehrzeit der Anfertigung eines Gesellenstückes unterziehen soll[132]).

Lehrer und Leitung. Spielt schon bei jedem anderen Unterricht die Person des Lehrers eine große Rolle, so hängt bei der praktischen Ausbildung des Lehrlings alles von der richtigen Wahl ab. Bei der reinen Betriebslehre wird man zwar versuchen, nur besonders tüchtige und gewissenhafte Leute auszusuchen, denen man die Jungen zuweist, doch ist das pädagogische Geschick hier nicht immer vorhanden und bei einer größeren Zahl von Lehrlingen wird man auch weniger geeignete Leute mit heranziehen müssen. Außerdem ist hier eine dauernde scharfe Kontrolle durch Meister und Betriebsleiter notwendig, wie überhaupt die Werksleitung sich die letzten Entscheidungen auf diesem wichtigen Gebiete vorbehalten sollte und nicht, wie es bisweilen geschieht, sogar die Einstellung der Lehrlinge untergeordneten Meistern überlassen darf[133]).

Ob es angängig ist, für besonders gute Ausbildung den Meistern und Gesellen besondere Prämien[134]) in Aussicht zu stellen, erscheint zweifelhaft, da der Maßstab, den man bei der Schlußprüfung anlegen soll, nicht genau festgesetzt werden kann. Die Fehler, die man durch die Prämien verhindern will, lassen sich auch auf andere Weise vermeiden, vor allem durch Verlassen der reinen Betriebsausbildung.

Weniger Schwierigkeiten ergeben sich bei den reinen Lehrwerkstätten und den Lehrlingsabteilungen, da hier der Bedarf an unterrichtenden Leuten nicht so groß ist und infolgedessen leichter gedeckt werden kann. Man darf einem Meister aber auch hier nur eine kleine Zahl von Lehrlingen unmittelbar zuweisen, bei den Lehrlingsabteilungen der Fabriken ergibt sich dabei noch der sehr hoch

---

[131]) Altenrath, a. a. O., 1912, S. 240.
[132]) v. Voß, a. a. O., 1911, S. 291.
[133]) Altenrath, a. a. O., 1912, S. 212.
[134]) Götte, a. a. O., 1919, S. 45.

zu veranschlagende Vorteil, daß der Leiter der Abteilung, der sehr sorgfältig ausgewählt werden muß und nur eine erste Kraft sein darf, die Betriebsbeamten und Meister, denen die Lehrlinge später zugewiesen werden, mit pädagogischen Ratschlägen unterstützen kann. Auch die Meister der Lehrlingsabteilungen kümmern sich zweckmäßigerweise während der ganzen Lehrzeit um die einzelnen Lehrlinge.

Es empfiehlt sich und hat sich als vorteilhaft erwiesen[135]), die gesamte praktische Lehrlingsausbildung in einer Hand zu vereinigen, so daß die Jungen auch nach dem Verlassen der Lehrabteilung noch deren Oberleitung unterstehen und von hier beobachtet, beurteilt und weiter versetzt werden; so ist diese Oberleitung auch in der Lage, den sonst im Fabrikbetrieb nicht vorhandenen heilsamen Einfluß des Lehrherrn einigermaßen zu ersetzen[136]). Von dieser Zentrale aus werden die Arbeiten in der Lehrlingswerkstätte vorgeschrieben und kontrolliert, von hier aus findet eine Verteilung der Lehrlinge auf die einzelnen Betriebe statt und erfolgt gegebenenfalls die Versetzung aus einem Betrieb in den anderen. Schon bei der Auswahl der Lehrlinge müßte man den Leiter dieser Abteilung in großem Maße heranziehen. Zweckmäßig ist auch, die Jungen in den Betriebswerkstätten durch besondere Beamte, etwa Meister, dauernd kontrollieren und unterstützen zu lassen. Auch ein Herumführen von Lehrlingsgruppen in der Werkstatt und eine gemeinsame Besprechung von Fragen, die sich dem Lehrling aufdrängen, empfiehlt sich.

Daß es als Vorteil angesehen wird, bei reiner Betriebslehre den Arbeiter an dem Fortkommen des Lehrlings zu interessieren, und zwar am besten finanziell, wurde schon ausgeführt. Es wird aber auch die Auszahlung einer Ausbildungsprämie an den Meister in allen drei Lehrarten empfohlen. Wesentlich ist es, diesem auch ein Interesse für den theoretischen Unterricht beizubringen und sei es durch das kleine Mittel der Kontrolle der pünktlichen Teilnahme an den Schulstunden. Vielleicht ist es sogar von großem Nutzen, die Leitung des theoretischen und praktischen Unterrichts in einer Hand zu vereinigen.

Unterrichtsfächer und Lehrplan. Bei dem Umfang des Gebietes, in dem die jungen Leute ausgebildet werden, ist zunächst die Absicht der Fabrikleitung maßgebend, ob eine möglichst umfassende allgemeine oder eine sehr ins einzelne gehende, spezielle Ausbildung statt-

---

[135]) Maschinenfabrik Augsburg-Nürnberg, a. a. O., S 25.

[136]) Daß allerdings das Interesse des Lehrherrn an der Ausbildung gering sei, wie (Cölsch, a. a. O., S. 161) behauptet worden ist, trifft in dieser Fassung nicht zu. Nur der persönliche Einfluß von Mensch zu Mensch ist verschwunden. Die Direktoren der Werke wenden der Lehrlingsfrage große Aufmerksamkeit zu, unterrichten wohl auch selbst mit (Löwe, S. 43).

finden soll[137]). Im ersten Falle besteht wiederum ein Unterschied, ob eine Unterweisung in verwandten Gebieten stattfindet, z. B. der Schlosser in der Dreherei oder auch eine solche in völlig fremden Berufen, z. B. der Schlosser in der Formerei. Die erste Art, die Ausbildung auch in verwandten Nebenfächern, ist schon längere Zeit und allgemein üblich[138]). Während der ersten Zeit findet wohl auch die Ausbildung von verwandten Berufen, z. B. von Schlossern und Drehern gemeinsam statt[139]) und eine Trennung setzt erst während der praktischen Ausbildung, wenn sich ein Interesse für den bestimmten Beruf herausstellt, ein[140]). Bei den meisten Firmen[141]) wird nur das betreffende Gewerbe gelehrt; bei anderen[142]) erhalten z. B. die Maschinenbauer Unterricht in der Lehrwerkstatt, dann in der Schlosserei, Dreherei, Hobelei, Fräserei, Schmiede, Härterei, Schleiferei, und zuletzt in der Montage, die Dreher dagegen in Schlosserei, Schmiede, Härterei, Schleiferei und Dreherei, bei den Werkzeugschlossern ist die Ausbildung ähnlich, die Modelltischler werden in der Tischlerei und Formerei ausgebildet, während von den Formern nur die besten einige Zeit in die Tischlerei kommen. An anderer Stelle[143]) werden z. B. Schlosser in Schlosserei und Dreherei, die Dreher aber nur in Dreherei unterwiesen.

Der Aufenthalt in den einzelnen Abteilungen ist entweder dem Ermessen der einzelnen Meister oder der Leitung überlassen und richtet sich dann nach der Tüchtigkeit der Lehrlinge. Es werden dann nur die Werkstätten bestimmt, in denen der Lehrling einmal beschäftigt werden muß und vielleicht auch über deren Reihenfolge Vorschriften erlassen. In anderem Falle ist von vornherein die Reihenfolge und die Zeit in den einzelnen Werkstätten festgelegt, z. B.

3	Monate	Schlosserei,
3	„	Hobel- und Fräsmaschine,
12	„	Schlosserei,
6	„	Dreherei,
2	„	Schmiede,
2	„	Werkzeugmacherei und Härterei,
20	„	Schlosserei.

137) Lippart, a. a. O., 1912, S. 5. Deutscher Ausschuß für technisches Schulwesen, a. a. O., 1912, S. 279.

138) Altenrath, a. a. O., 1912, S. 223. Löwe, a. a. O., S. 184. Maschinenfabrik Augsburg-Nürnberg, 1918. Sulzer, a. a. O., S. 243.

139) v. Voß, a. a. O., S. 286.

140) Zentralstelle für Volkswohlfahrt, a. a. O., 1912, S. 408.

141) Lippart, a. a. O., 1912, S. 5.

142) Löwe, a. a. O., S. 4.

143) Lippart, a. a. O., 1912, S. 5. Altenrath, a. a. O., S. 232, 238 u. Zentralstelle für Volkswohlfahrt, 1912, S. 410.

oder für die Former[144])

Formerlehrlinge		Lehmformerlehrlinge	
Sandkernmacherei	9 Monate	Lehmkernmacherei	6 Monate
Lehmkernmacherei	6 „	Tischlerei	2 „
Sandformerei	12 „	Kleine Lehmformerei	12 „
Tischlerei	3 „	Lehmformerei	27 „
Sand- u. Masseformerei bzw. Tempergießerei	17 „	Ofenbetrieb, Prüfung von Probestücken, Putzerei usw. je nach Veranlagung d. Lehrlings	1 „
Ofenbetrieb, Prüfung von Probestücken, Putzerei usw. je nach Veranlagung d. Lehrlings	1 „		

Findet man mitunter eine Ausbildung nur in den betreffenden Berufen bei Schmieden und Formern, so werden doch allgemein Schlosser und Dreher umfassender, insbesondere an allen Arbeitsmaschinen ausgebildet. Findet keine Ausbildung in verwandten Gebieten statt, so wird dem Lehrling zum mindesten Gelegenheit[145]) geboten, alle Werkstätten, in denen sein Gewerbe ausgeübt wird, ausreichend kennen zu lernen, wobei eine Versetzung nach Belieben oder in regelmäßigen Abständen, z. B. ein- oder halbjährlich, erfolgt.

Doch nicht nur in der Verteilung auf die einzelnen Werkstätten, auch in der Ausbildung in den einzelnen Berufen selbst muß ein gewisser Plan herrschen. Allgemein geht man vom Leichteren zum Schwereren über, wobei die Entscheidung, was als leichter oder schwerer anzusehen ist, lediglich dem Meister oder der Leitung überlassen bleibt. Sehr genaue, ausführliche Lehrgänge stellt eine Firma auf[146]); so lautet der für Dreher:

etwa	12 Monate	Lehrdreherei. Elementare Arbeiten, einfache Wellen-, Plan- und Gewindearbeit,
„	1—2 Wochen	Schmiede, 1 Woche Härten, 1 Woche Schleifen und Werkzeugstähle,
„	10 Monate	Dreherei II, III oder VI,
„	8 „	„ I oder V,
„	8 „	Werkzeugdreherei oder Metalldreherei oder Halbautomaten und Automaten,
„	9 „	Spezialdrehbänke, Großdreherei, Vertikalbohrwerke, Revolverbänke.

Zuteilung unter III, IV, V und VI findet nach Bedarf und Eignung statt.

---

144) Brandt, a. a. O., 1912, S. 116.
145) v. Voß, a. a. O., 1911, S. 291.
146) Sulzer s. Matschoß, 1919, S. 17 ff.

Im übrigen wird eine möglichst zwangläufige Stufenfolge im Lehrgang eingehalten."

Die Schwierigkeit in der Ausbildung ergibt sich dadurch, daß dem Lehrling 1. sauberes und genaues, 2. aber auch schnelles, wirtschaftliches Arbeiten beigebracht werden muß und daß bei zu starker Betonung des einen Gesichtspunktes eine mangelhafte Lehre Platz greift. Eine derartige einseitige Ausbildung kann sowohl bei der reinen Betriebslehre als auch in reinen Lehrwerkstätten vorkommen, da im ersten Falle der Arbeiter, dem der Junge zugeteilt ist, um viel zu verdienen, das rasche Arbeiten als Hauptsache betrachtet, während in der reinen Lehrwerkstätte, da sie nicht wirtschaftlich zu arbeiten braucht, das saubere und genaue Arbeiten zu sehr im Vordergrunde stehen kann. Eine planmäßige Unterweisung ist in Lehrlingsabteilungen leicht möglich, während bei Einzelausbildung durch den Arbeiter diesem überlassen bleiben muß, in welcher Reihenfolge und in welcher Weise er den Lehrburschen unterrichten will, wobei die Arbeiten, die er für den Betrieb auszuführen hat, eine große Rolle spielen.

Die Bücher, die bei vielen Firmen[147]) für die Löhnung der Jungen geführt werden, ließen sich nutzbringend dahin ausgestalten, daß durch vom Lehrling selbst vorzunehmende Eintragungen der Plan der Arbeit festgelegt und zur Kontrolle durch die Leitung bereit gehalten wird. Während schon im Frieden alle Firmen Wert darauf legten, das wirtschaftliche Arbeiten möglichst bald zu berücksichtigen, hat dieser Gesichtspunkt im Kriege manchmal zum Schaden der planmäßigen Ausbildung erhöht beachtet werden müssen.

Bei planmäßiger Ausbildung lernen z. B.[148]): die Schlosser im ersten Jahre die Bearbeitung eines Stückes Eisen, die Handhabung der Feile und des Meißels. Im zweiten Jahre wird ihnen das Zusammenpassen kleinerer leichter Maschinenteile und deren Bearbeitung übertragen, sie haben sich die Kenntnis der Werkzeuge anzueignen. Im dritten Jahre folgen größere Arbeiten und solche an Werkzeugmaschinen. Im vierten Jahre wird selbständiges Arbeiten am Anreißtisch und Schraubstock geübt, dazu Kenntnisse in den Feuerarbeiten erworben und schließlich die Lehrzeit mit der Beschäftigung in der Montage abgeschlossen.

b) Theoretische Ausbildung.

Öffentliche Fortbildungsschulen. Neben der praktischen Ausbildung in der Werkstatt findet eine schulmäßige Unterweisung statt, teils um die Werkstattausbildung zu vervollständigen, teils um in

---

147) Lippart, a. a O., 1912, S. 5.
148) Lippart, a. a. O., 1912, S. 5.

allgemeinen Fächern Unterricht zu erteilen. Der Fall, daß eine Firma Lehrlinge ausbildet und diesen, da möglicherweise ein Zwang zum Besuch der Fortbildungsschule nicht besteht, keine Gelegenheit zum Unterricht bietet, kann als nicht vorhanden angesehen werden.

Es gibt verschiedene Möglichkeiten, in denen diese schulmäßige Unterweisung ausgeübt werden kann. Die erste, am meisten benutzte Art besteht darin, die Lehrlinge die öffentliche gewerbliche Fortbildungsschule besuchen zu lassen. Allgemeine Zahlen hierüber stehen nicht zur Verfügung, doch ergab sich 1912[149]) durch eine Umfrage bei 51 Maschinenfabriken mit mehr als 75 Lehrlingen, daß von diesen 38 die öffentliche Fortbildungsschule durch ihre Lehrlinge besuchen ließen. An anderen öffentlichen Schulen werden dabei noch Handwerker- und Kunstgewerbeschulen besucht, während einige Firmen[150]) besonders begabte Lehrlinge noch auf eine Maschinenbauschule senden. Auf die allgemeine Fortbildungsschule näher einzugehen, überschreitet den Rahmen dieser Arbeit[151]).

Werkschule. Die zweite Art des theoretischen Unterrichts ergibt sich dadurch, daß das betreffende Werk eine sogenannte Werkschule einrichtet, die meist ohne jeden Zusammenhang mit den staatlichen oder städtischen Instituten steht, höchstens sich unter Staatsaufsicht befindet oder die Lehrer von öffentlichen Schulen gegen Entschädigung sich zur Verfügung stellen läßt. Eine Umfrage ergab im Jahre 1911 in der mechanischen Industrie[152]) 24 reine Werkschulen, wovon allerdings eine sich bei einer ausländischen Firma[153]) befindet; da aber dieses Werk eine Zweigniederlassung in Deutschland besitzt und die bewährten Einrichtungen des Stammhauses auf diese überträgt, soll auch das Stammhaus für diesen Fall der deutschen Maschinenindustrie zugerechnet werden. Von diesen 24 Schulen waren 13 nur für Fachlehrlinge eingerichtet worden, während in den anderen elf auch Bürolehrlinge und ungelernte Arbeiter Unterricht erteilt bekamen[154]). Eine Verhältniszahl für die gesamte Maschinenindustrie erhält man ziemlich genau, wenn man bedenkt, daß dem Verein Deutscher Maschinenbauanstalten etwas über 200 Firmen angehören. Bei einer ähnlichen Umfrage[155]) 1918 wurden 30 Werkschulen der Maschinenindustrie (einschließlich elektrischer Maschinen)

---

149) Lippart, a. a. O., 1912, S. 8.
150) Lippart, a. a. O., 1912, S. 8.
151) Eine kurze Zusammenfassung stellt Kühne, Die gewerbliche Fortbildungsschule, 1919, S. 51 ff., dar.
152) Free, a. a. O., 1912, S. 129 und 190.
153) Gebr. Sulzer in Winterthur und Ludwigshafen a. Rh.
154) Free, a. a. O., S. 185.
155) Stolzenberg, Werkschulen, Leipzig 1919, S. 64.

angegeben, doch hat es den Anschein, als sei diese Zahl infolge mangelhafter Beantwortung der Umfrage noch zu niedrig. Ferner klären die Ergebnisse zweier Umfragen[156]), die 1912 und 1918 gehalten wurden, das Bild, wo 1912 bei 51 Firmen sieben eigene Werkschulen, 1918 dagegen bei 63 Firmen schon 20 eigene Werkschulen gefunden wurden.

Bei der Berücksichtigung der Verteilung der eigenen Schulen auf die einzelnen Bundesstaaten ergibt sich, daß auf Württemberg und Baden gar keine, auf Sachsen verhältnismäßig wenig eigene Werkschulen entfallen[157]). Als Grund hierfür wird angegeben, und man kann dieser Begründung eine gewisse Berechtigung nicht absprechen, daß in diesen Staaten die allgemeine Fortbildungsschule derartig hochstehe, daß sich ein Bedürfnis nach eigenen Schulen gar nicht ergebe[158]). Die industriellen Verwaltungen würden nur Ausgaben, aber keine Vorteile haben.

Es finden sich aber auch Fälle[159]), in denen das Werk die eigene Schule besitzt und Lehrlingen, die nicht zum Betriebe gehören, die Teilnahme gestattet, teils gegen eine Entschädigung durch die Stadt, z. B. durch Stellung der Schulräume, teils völlig kostenlos.

Um überhaupt zur Gründung eigener Werkschulen schreiten zu können, muß zuerst ein Haupterfordernis erfüllt sein: Es müssen genügend Lehrlinge beschäftigt werden, für deren theoretische Unterweisung gesorgt werden muß. Darüber, ob sich auch für kleinere Werke eine gemeinsam zu verwendende und gemeinsam zu unterhaltende Schule als zweckmäßig erweist, gehen die Meinungen auseinander[160]). Es finden sich tatsächlich Fälle, in denen eine derartige Regelung zur Zufriedenheit der Beteiligten getroffen ist[161]). Meinungsverschiedenheiten herrschen auch darüber, ob unter allen Umständen eigene Schulen errichtet werden sollen, oder nur da, wo die öffentliche Fortbildungsschule den gestellten Anforderungen nicht genügt. Die mangelhafte Ausbildung an den allgemeinen Schulen hat in der Tat vielfach den Anlaß zu Gründungen gegeben, wobei oft die öffentliche Fortbildungsschule mit der Absonderung der Industrielehrlinge nicht nur einverstanden war, sondern diese Scheidung wegen der Vorteile, die sie für beide Teile hat, als wünschenswert anerkannt hat[162]). Streng durchgeführt, würde dies bedeuten,

---

[156]) Lippart, a. a. O., 1912, S. 8.

[157]) Utzinger, a. a. O., 1919, S. 102.

[158]) Deutscher Ausschuß, a. a. O., S. 275.

[159]) Free, a. a. O., 1912, S. 151.

[160]) Sitzungsbericht des Deutschen Ausschusses für technisches Schulwesen, a. a. O., S. 84 ff.

[161]) Free, a. a. O., 1912, S. 151.

[162]) Free, a. a. O., 1912, S. 147.

daß dem Handwerker die öffentliche gewerbliche Fortbildungsschule, dem Industriearbeiter die Werkschule zukommt. Allerdings darf die Werkschule nicht nur als geduldeter Ersatz betrachtet werden, es ist sogar eine Unterstützung durch den Staat in Erwägung zu ziehen.

Einer der Vorteile, die sich aus der eigenen Schule ergeben, besteht zunächst in der mitunter sehr beträchtlichen Zeitersparnis, da die öffentliche Schule zentral für alle Schüler angelegt werden wird, wenn sie nicht sogar aus örtlichen Gründen völlig abseits liegt, während die Werkschule immer in unmittelbarer Nähe der Werkstatt sich befindet, wodurch unnötige Schulwege vermieden werden. Der Nutzen hiervon ist so groß, daß er bei einigen Firmen der ausschlaggebende Anlaß zur Gründung eines eigenen Schulbetriebes gewesen ist[163]), während an anderer Stelle die dauernde Unpünktlichkeit und Ungezogenheit der Jungen die Veranlassung war[164]). Und in der Tat stehen der Schule durch die enge Verbindung mit dem Werk und wegen der dauernden Fühlung der Schulleiter mit den Werkvorgesetzten des Lehrlings ganz andere Disziplinmittel zur Verfügung. Die Erfahrungen mit eigenen Schulen sind in keinem Falle ungünstig[165]), eine Auflösung hat nirgends stattgefunden.

Verbindung beider Arten. Eine dritte Art der schulmäßigen Unterweisung ergibt sich aus der Verbindung von öffentlichen Fortbildungsschulen mit reiner Werkschule, und zwar stehen hier verschiedene Möglichkeiten zur Verfügung. Einmal können die Werkschulen als Ergänzung der allgemeinen Schulen dienen[166]), wobei entweder alle Lehrlinge aller Jahrgänge oder alle Lehrlinge der älteren Klassen an einem fachkundlichen Unterricht teilzunehmen haben oder nur die Besten des Nachwuchses eine Zusatzausbildung genießen mit der Nebenabsicht, hieraus den Bedarf von Vorarbeitern zu decken. An anderer Stelle wieder muß die Werkschule besucht werden, wenn nicht der Nachweis erbracht wird, daß in einer öffentlichen Schule am Unterricht teilgenommen wird[167]). Hier wird allerdings der Vorteil, den die Gründung einer eigenen Werkschule hat, zum großen Teil wieder aufgehoben. Auch bei vollkommen ausgebauten Werkschulen wird den Lehrlingen freigestellt[168]), Stunden an der Fortbildungsschule zu besuchen, wenn die betreffenden Fächer an der Werkschule nicht gelehrt werden.

---

[163]) Brandt, a. a. O., 1912, S. 124. Free, a. a. O,, 1912, S. 143.
[164]) Free, a. a. O., 1912, S. 143.
[165]) Free, a. a. O., 1912, S. 146 und 179.
[166]) Free, a. a. O., 1912, S. 138. Schwarze, a. a. O., 1919, S. 107.
[167]) Free, a. a. O., S. 151.
[168]) Matschoß, a. a. O., 1919, S. 3.

Ungleich wichtiger aber ist die letzte Art, bei der die Schüler zwar nur eine auf dem Gelände des Werkes oder doch in dessen nächster Nähe befindlichen Schule besuchen, wo aber an dieser Schule nicht nur das Werk, sondern auch die örtliche Schulbehörde weitgehenden Einfluß auf die Gestaltung des Unterrichts besitzt[169]). Man könnte diese Art als räumlich getrennte Sonderabteilung oder als Zweigschule der allgemeinen Fortbildungsschule bezeichnen. Die Schulräume gehören dem Werk, daß für deren Instandhaltung, Heizung usw. zu sorgen hat, während die Leitung und Erteilung des Unterrichts völlig oder zum Teil der Gemeinde übertragen ist. Manchmal[170]) werden die Bedürfnisse des Werkes gar nicht berücksichtigt, an anderer Stelle[171]) sind sie allein maßgebend.

Lehrer und Leitung. Sehr stark treten die Unterschiede der drei Arten der schulmäßigen Unterweisung in die Erscheinung, wenn man die Lehrkräfte, die den Unterricht erteilen, betrachtet. Bei den Fortbildungsschulen sind es haupt- und nebenamtliche Lehrer, die zu dem Schüler höchstens zufällig in einer besonderen Beziehung stehen und im allgemeinen mit ihm nur in der Schule zu tun haben. Die Erörterung über die Vorbildung der hier tätigen Lehrer und der damit zusammenhängenden Fragen geht über den Rahmen dieser Abhandlung hinaus. Es gelten die gesetzlichen Bestimmungen, Sonderwünsche einer Industriegruppe, wie der Maschinen-Industrie, können und dürfen höchst selten berücksichtigt werden. Erwähnt sei nur, daß die Tendenz herrscht, immer mehr Leute des praktischen Lebens, ehemalige Techniker der Maschinenindustrie durch pädagogische Sonderkurse zu hauptamtlichen Lehrern auszubilden, ähnlich den in Süddeutschland bereits vorhandenen Ansätzen[172]).

Bei den Werkschulen wählt die Firma allein die Lehrer aus, hat aber hierbei in Süddeutschland und Sachsen sehr scharfe gesetzliche Bestimmungen zu beachten, was einen weiteren Grund dafür bilden dürfte, daß dort die Werkschulen nicht recht Boden fassen[173]). Beamte des eigenen Betriebes werden in großer Zahl, wenn nicht ausschließlich, zur Unterrichtserteilung herangezogen[174]). Von den 24 Schulen dieser Art der deutschen Maschinenindustrie hatte 1912

---

169) Sitzungsbericht des Deutschen Ausschusses für technisches Schulwesen, 1912, a. a. O., S. 85. Free, a. a. O., 1912, S. 183. Thyssen.

170) Free, a. a. O., 1912, S. 185.

171) Thyssen.

172) Barth, Die Ausbildung der Lehrer für die gewerblichen Pflichtschulen, Abhandlg. usw., Leipzig 1912, S. 196.

173) Deutscher Ausschuß für technisches Schulwesen, 1912, a. a. O., S. 232 f.

174) Kohlmann, a. a. O., 1908, S. 368.

eine nur Berufslehrer, neun beschäftigten nur Nicht-Berufslehrer. Die anderen besaßen einen oder einige wenige Berufslehrer, während die große Mehrzahl der Unterrichtenden nebenamtlich tätig war[175]). 1918[176]) war bei 19 Werken der Maschinenindustrie der Leiter in elf Fällen hauptamtlich als solcher tätig, dabei war es neunmal ein Praktiker, zweimal ein Berufslehrer, von den acht im Nebenamt tätigen Leitern waren sechs Praktiker, zwei Berufslehrer. Bei den Lehrern ergab sich:

Hauptamtlich:	7 Praktiker	2 Berufslehrer
Nebenamtlich:	113 „	30 „

3 Lehrer waren ohne Berufsangabe.
6 Firmen beschäftigen nur Praktiker,
dagegen keine Firma nur Berufslehrer.

1 Firma[177]) hatte hierbei im einzelnen 5 hauptamtliche Lehrer, 19 Ingenieure, 2 Kaufleute und 9 Volksschullehrer nebenamtlich angestellt.

Ein Unterschied wird hierbei insofern gemacht, als man mit Vorliebe die Berufspädagogen zur Erteilung der allgemeinen Fächer heranzieht, während die Werkbeamten den berufskundlichen Unterricht erteilen[178]). Für die allgemeinen und elementaren Fächer wird wegen der großen pädagogischen Erfahrungen, die ihre Unterweisung erfordert, mitunter ein Berufslehrer sogar als notwendig gehalten[179]). Dies hat außerdem den Vorteil, daß die Werkbeamten ihrem Hauptberuf möglichst wenig entzogen werden, während sich andererseits der Nachteil ergibt, daß der Lehrling die allgemeinen Unterrichtsfächer vernachlässigt, da er sie nur als Schule betrachtet. Werden auch diese von Angestellten des Betriebes erteilt, so erkennt der Junge, daß auch das in diesen Fächern Dargebotene ihm in seinem Beruf nützen kann, zumal immer der betreffende Ingenieur Anknüpfungspunkte des allgemeinen Unterrichtes an den Sonderberuf des Lehrlings eher finden wird als ein Berufslehrer.

Dies ist nämlich der Hauptvorteil der Beamtenlehrer, daß der Lehrling ihnen ganz anders gegenüber steht. Sie sind für ihn in erster Linie Ingenieure des Werkes. Er erkennt, daß das, was ihm beigebracht werden soll, tatsächlich für seinen Beruf Wert hat und nicht nur zum Einbläuen als schulmäßige Weisheit dient. Die Ingenieure des Werkes haben ihrerseits Nutzen von ihrer Tätigkeit insofern, als sie sich mit dem Gebiet, in dem sie Unterricht erteilen, besonders gründlich befassen und dadurch mancherlei Anregungen

[175]) Free, a. a. O., 1912, S. 166.
[176]) Stolzenberg, a. a. O., 1919, S. 69.
[177]) Matschoß, a. a. O., 1919, S. 3.
[178]) Götte, a. a. O., 1912, S. 66.
[179]) Free, a. a. O., 1912, S. 166.

erhalten, so daß der Lehrer und letzten Endes das Werk selber Nutzen von dieser Tätigkeit haben, wobei allerdings vorausgesetzt werden muß, daß dem Ingenieur Zeit gelassen wird, sich auf den Unterricht vorzubereiten, ebenso, daß Kurse in Pädagogik stattfinden. Als sich bei einer Firma[180]) herausstellte, daß die nebenamtliche Tätigkeit den Beamten seinem Hauptberufe zu sehr entzog, übertrug man einen Teil des Unterrichtes und die Aufsicht über die Schule einem Ingenieur im Hauptamte, stellte einen zweiten solchen hauptamtlichen Lehrer an und hat die Gewinnung von weiteren ins Auge gefaßt. Dem Leiter der Werkschule kann man, wenn er Ingenieur ist, gleichzeitig die gesamte Werkstättenausbildung mit unterstellen, so daß der gesamte Betrieb der Lehrlingsausbildung in einer Hand vereinigt ist, was einen nicht zu unterschätzenden Vorteil darstellt. Die dabei noch stattfindende nebenamtliche Beschäftigung von Beamten ist nunmehr erträglich. Die Leitung der Schule soll aber nach anderer Ansicht[181]) unbedingt einem Schulmann übertragen werden. Sehr bewährt haben sich die Kurse zur Ausbildung von Lehrkräften, die in Charlottenburg abgehalten wurden[182]). Man muß allerdings bedenken, daß sie mit ihrer einjährigen Dauer für nebenamtlich beauftragte Lehrer zu lang dauern; entsprechend kürzere Kurse wären sehr zu empfehlen. Von seiten einer Werkschulleitung[183]) wird die Beschäftigung von möglichst viel hauptamtlichen Lehrern gefordert. Ob nicht dadurch mancher Vorteil der Verwendung von Ingenieuren verloren geht?

Für berufskundlichen Unterricht ergibt sich für Ingenieure des Werkes die Möglichkeit, auf die Werkstattseinrichtungen zurückzugreifen, den Unterricht stets in Beziehung zur praktischen Ausbildung des Lehrlings zu stellen und diesem dadurch mehr Interesse am Unterricht abzugewinnen.

In den Werkschulen besteht infolge der engen Verbindung von praktischer und theoretischer Ausbildung die Möglichkeit, ungleiche Leistungen des Schülers in Schule und Werkstatt zu berücksichtigen und dem Grunde dafür nachzugehen. Bei dem Besuch der öffentlichen Fortbildungsschule lernt Schule und Werkstatt nur die gute oder schlechte Seite des Lehrlings, der in einer von beiden versagt, kennen. Einer Änderung, z. B. durch Aufhebung des Lehrvertrages, durch Übertritt in eine andere Werkstätte oder einen anderen Beruf, die bei Verbindung von Schule und Werkstatt leicht ist, stellen

---

[180]) Löwe, a. a. O., S. 51.

[181]) Free, a. a. O., 1912, S. 166.

[182]) Kühne, Die Lehrer der gewerblichen Fortbildungsschulen und Werkschulen, Leipzig 1919, S. 567.

[183]) Stolzenberg, a. a. O., 1919, S. 77.

sich bei einer Trennung Schwierigkeiten entgegen, ihre Möglichkeit wird oft gar nicht in Erwägung gezogen.

Sehr günstig stellt sich für die Frage „Leitung und Lehrer" die dritte Art, die Zweigschule als Werkschule, dar. Es ist z. B.[184]) die Leitung in die Hände des Fortbildungsschuldirektors gelegt, der Lehrer und Lehrfächer im Einvernehmen mit der Direktion auswählt. Unterricht wird erteilt von den städtischen Fortbildungsschullehrern, die von der Stadt bezahlt werden, sowie von Beamten des Werkes, die von der Stadt keine Vergütung erhalten, wohl aber vom Werk. Die Firma zahlt außerdem ein Schulgeld von 10 Mark für den Schüler an die Stadt. Es findet sich aber auch[185]), daß in ähnlichen Fällen die Werkbeamten ihre Tätigkeit als von der Gemeinde angestellte und bezahlte Hilfslehrer ausüben.

Über die Berufe, denen die an einer solchen Schule tätigen Lehrer angehören[186]), stehen folgende Angaben zur Verfügung: Es wird insgesamt von 32 Lehrern Unterricht erteilt, von denen sind:

3 Gewerbelehrer,	4 Diplom-Ingenieure,
1 Rektor,	14 Ingenieure,
4 Volksschullehrer,	1 Student der Theologie,
1 Turnlehrer,	2 Werkmeister,
1 Schwimmlehrer,	1 Bergmann.

Für die aus praktischen Berufen stammenden Hilfslehrer wurden von Zeit zu Zeit Kurse in Pädagogik abgehalten. An anderer Stelle[187]) besteht der Lehrkörper aus 17 Technikern und sieben Kaufleuten.

Klasseneinteilung. Eine Schwierigkeit und ein Nachteil bei der allgemeinen Fortbildungsschule liegt in der Klasseneinteilung. Sehr oft werden nur Fabriklehrlinge schlechthin von Handwerkslehrlingen unterschieden, wodurch aber gar nichts gewonnen ist, da sich die Lehrlinge aus Fabrikbetrieben auf die verschiedenartigsten Berufe verteilen. Man ist deshalb an anderer Stelle einen anderen Weg gegangen und hat eine Trennung nach Berufen vorgenommen und Handwerker und Industrielehrlinge desselben Berufes in einer gemeinsamen Klasse unterrichtet. So sind in Frankfurt a. M. sechs Klassen gebildet[188]):

1. Bau- und Kunstschlosser, Grobschmiede,
2. Maschinenschlosser, Metalldreher, Former, Gießer, Schleifer, Kesselschmiede,
3. Mechaniker, Werkzeugmacher, Uhrmacher, Apparatebauer,

---

[184]) Thyssen.
[185]) Free, a. a. O., 1912, S. 183.
[186]) Thyssen, 1918.
[187]) v. Voß, a. a. O., 1911, S. 293.
[188]) Kühne, a. a. O., 1912, S. 28.

4. Elektromonteure, Installateure,
5. Techniker und Zeichner,
6. Spengler, Installateure, Metalldrucker.

In München sind elf Gruppen vorhanden:

1. Feinmechaniker,
2. Juweliere, Gold- und Silberarbeiter,
3. Kupferschmiede,
4. Maschinenbauer (Eisendreher, Eisengießer, Kesselschmiede, Maschinenschlosser und Modellschreiner)
5. Mechaniker (Elektrotechniker, Grobmechaniker, Optiker),
6. Metallgießer und Gürtler (auch Ziseleure, Metalldreher, Metallschleifer und Former),
7. Schlosser (Bau- und Kunstschlosser),
8. Schmiede (Huf- und Wagenschmiede),
9. Spengler, Installateure, Monteurhelfer und Metalldrucker,
10. Uhrmacher,
11. Zinngießer.

Gewonnen ist hierdurch nicht viel, da ein Schlosser des Handwerks eine völlig andere Ausbildung genießen muß als ein Schlosser der Industrie. Geklagt wird besonders über mangelhafte Ausbildung der Gießereilehrlinge durch die allgemeine Fortbildungsschule, die man vielfach bei Metallarbeitern und Schlossern unterbringt und deren Besonderheiten höchstens im Zeichnen berücksichtigt werden. Während des Krieges hat die Ausbildung noch besonders dadurch gelitten, daß der Unterricht an manchen Orten völlig eingestellt werden mußte[189]), so daß der Werkstattsunterricht und etwaige persönliche Lehren der Vorgesetzten die einzige Ausbildung darstellten.

Neuerdings ist man auch an anderen Fortbildungsschulen zur Einrichtung von Fachklassen übergegangen, so in[190]) Düsseldorf, Nürnberg, Bremen zur Ausbildung von Formern und Modelltischlern und einiger anderer kleiner Gruppen, in[191]) Dortmund, Berlin, Frankfurt a. Main zur Bildung reiner Fachklassen nur für Former; Ansätze zu reinen Fachklassen finden sich auch noch an anderen Orten[192]).

Da der Unterteilung nach Berufen durch schultechnische und finanzielle Rücksichten Grenzen gezogen sind, außerdem die gemeinsame Unterweisung von Handwerk und Industrie unerträgliche Nachteile ergibt, ist man dazu übergegangen, Werkklassen einzurichten und nur Lehrlinge desselben Betriebes gemeinsam auszubilden. Ein Bericht hierüber lautet[193]):

---

[189]) Gewerbliche Fortbildungsschule Mülheim-Ruhr.
[190]) Brandt, a. a. O., 1919, Heft 5, S. 119.
[191]) Brandt, a. a. O., 1919, Heft 9, S. 217.
[192]) Brandt, a. a. O., 1919, Heft 9, S. 217.
[193]) Schreiben der Stadt Magdeburg, mitg. in Brandt, a. a. O., 1912, S. 125.

„Mit Ostern 1911 aber sind die in Maschinenfabriken beschäftigten Lehrlinge in besonderen Werkklassen (Kruppsche Klassen, R. Wolffsche Klassen, Schäffer- und Budenbergsche Klassen usw.) untergebracht. Lehrlinge kleinerer Werke gehen darin teils mit auf, teils sind sie allgemeinen Maschinenschlosserklassen zugewiesen; damit konnten die früher reinen Former- und Gießerklassen nicht mehr aufrecht erhalten werden.

„Der kleine Nachteil, der sich hieraus ergibt, wird reichlich aufgewogen durch den Vorteil, den die betreffenden Werke und Schulen davon haben: die Schulzeit wird den Wünschen der Werke entsprechend gelegt, die Werke können die Kontrolle über den Schulbesuch leichter übersehen als sonst, und die erzieherischen Maßnahmen der Schule finden durch die Werke die kräftigste Unterstützung."

Es wird aber auch[194]) die Einführung von Werkklassen abgelehnt, um nicht gleichzeitig alle Schüler aus dem Werk entziehen zu müssen. Dieser Grund dürfte nur zum Teil stichhaltig sein, da wohl nicht sämtliche Lehrlinge auf einmal in einer Klasse benötigt werden.

Von den Werkklassen bis zu den Werkschulen ist nur ein kleiner Schritt. Innerhalb dieser Werkschulen wird wiederum eine weitgehende Gliederung nach Fachklassen und dann weiterhin nach Leistung stattfinden. Auf die hierbei zu berücksichtigenden finanziellen und schultechnischen Gesichtspunkte wurde schon hingewiesen. Wenn auch manchmal eine wünschenswerte Berufstrennung wegen zu geringer Schülerzahl nicht möglich ist, so daß man z. B. Schlosser und Dreher gemeinsam unterrichten muß, Former und Gießer sollte man stets für sich behandeln. Je weniger Berufe in einer Klasse unterrichtet werden, um so größer kann die Zahl der Schüler sein, und zwar wird als Durchschnittszahl 25 empfohlen[195]). Die Überschreitung der Höhe von 40 ist als unzweckmäßig abzulehnen. Neuerdings[196]) hält man 20 Schüler für vorteilhaft.

Eine Unterscheidung nach dem Alter findet insofern statt, als man bei vierjähriger Lehrzeit für einen Beruf z. B. acht Klassen mit halbjährlicher oder vier Klassen mit jährlicher Versetzung hat. Weniger, z. B. drei Klassen unter Vereinigung der beiden ersten oder letzten Jahre oder sogar nur zwei Klassen unter Zusammenfassung von zwei Jahrgängen, wird man nur im äußersten Notfalle nehmen. Die Nachteile sind zu groß. Versuchen wird man ferner, nicht sämtliche in einer Betriebsabteilung beschäftigten Lehrlinge gleichzeitig ihrer Werkstattätigkeit zu entziehen.

---

[194]) Deutscher Ausschuß für technisches Schulwesen, a. a. O., S. 258.
[195]) Lippart, a. a. O., 1912, S. 13.
[196]) Matschoß, a. a. O., 1919, S. 2.

Zur Unterstützung hat man wohl Hilfsklassen eingerichtet[197]), sei es für Schwachbegabte oder solche, deren Volksschulbildung, meist durch zu frühen Austritt, ungenügend war. Ausgebaute Oberklassen für Hochbegabte finden sich nirgends[198]), mehrfach aber Ansätze dazu. An einer Stelle[199]) erfolgt die Aufnahme in die erste Klasse nach sehr strenger Prüfung, so daß nur die Besten dorthin kommen. Es findet auch während zwei Stunden Sonderausbildung im Zeichnen statt, sei es an Wochentagen oder an Sonntagen[200]). Meist findet ein Herausgreifen begabter Lehrlinge in der Schule nicht statt, es bleiben nur die Unbegabten sitzen. Dagegen wird ein Unterschied in der Werkstatt gemacht.

Zahl und Lage der Unterrichtsstunden. Die Dauer der schulmäßigen Unterweisung ist verschieden. Meist dauert sie ebenso lange wie die praktische Lehrzeit[201]), bisweilen[202]) ist sie aber auch ein bis zwei Jahre kürzer. Bei der Betrachtung der Zahl der wöchentlich stattfindenden Unterrichtsstunden stehen die Fachschulen mit Werkstättenbetrieb an erster Stelle. So haben die drei bayrischen Anstalten[203]) folgende Einrichtung getroffen:

Anstalt	1. Jahr	2. Jahr	3. Jahr
Landshut	13	19	20
Kaiserslautern	12	15	22
Ansbach	13	19	20

Da bei diesen Anstalten der theoretische Unterricht mehr Zeit in Anspruch nimmt als es im allgemeinen der Fall zu sein pflegt und als für die Ausbildung eines Handarbeiters gut ist, wird berichtet, daß in der Tat für die dort ausgebildeten Leute die Gefahr des Übergangs auf die Büros sehr groß ist.

Bei den öffentlichen Fortbildungsschulen ist die Zahl der Stunden je nach den örtlichen Verhältnissen verschieden. Bei den Werkschulen schwankt sie zwischen vier bis zwölf Stunden wöchentlich[204]). Der Durchschnitt ist wohl sechs Stunden, doch stehen alte, im Werkschulwesen erfahrene Praktiker auf dem Standpunkt, daß dies un-

---

[197]) Free, a. a. O., 1912, S. 156, Bericht der Fortbildungsschule in Hagen 1916/17, S. 10.

[198]) Free, a. a. O., S. 156.

[199]) Kohlmann, a. a. O., 1908, S. 368.

[200]) Kohlmann, a. a. O., 1908, S. 368. Free, a. a. O., 1912, S. 159.

[201]) Kühne, a. a. O., 1912, S. 23.

[202]) Free, a. a. O., 1912, S. 190.

[203]) Götte, a. a. O., 1912, S. 50.

[204]) Maschinenfabrik Augsburg-Nürnberg, 1917/18, S. 10. Free, a. a. O., 1912, S. 159. Matschoß, a. a. O., 1919, S. 3.

genügend sei, um die deutsche Maschinenindustrie auf dem Weltmarkt konkurrenzfähig zu erhalten[205]).

Bei der Wahl der Lage der Stunden ergeben sich zwei einander entgegenstehende Gesichtspunkte: Einmal soll der Unterricht so liegen, daß der Schüler möglichst viel lernt, am besten also vormittags, da dann die Aufnahmefähigkeit und Frische am größten ist, andererseits soll aber der Werkstattbetrieb wenig, am besten gar nicht gestört werden, was eine Verlegung auf den Abend, nach Betriebsschluß, zur Folge haben würde. Es finden sich bei dem Versuch, ein Kompromiß zwischen diesen Gegensätzen zu finden, die verschiedenartigsten Zeiten[206]). Mehrfach wird sogar ein bis zweimal in der Woche ein ganzer Vormittag oder ein ganzer Tag freigegeben unter Betonung, daß hierdurch die Störung des Werkstattbetriebes sich verringern lasse; aber auch reiner Abendunterricht nach Arbeitsschluß findet sich[207]), dazwischen solcher während der Mittagszeit[208]) und an anderer Stelle[209]) mit früherem Arbeitsschluß und einer Stunde Pause vor dem Beginn des Unterrichts.

Bei der Lage der Schulstunden zur Arbeitszeit findet man, daß die Stunden zum Teil ausschließlich während des Werkstattbetriebes abgehalten werden, im anderen Falle liegen sie zum Teil außerhalb, zum Teil innerhalb der Arbeitszeit, schließlich nur ganz außerhalb dieser. Die Tendenz geht dahin, den Unterricht in der Arbeitszeit und hier wieder in den Vormittagsstunden abzuhalten.

Bei einer Firma[210]) begannen Werkstatt und Schule in gleicher Weise ihre Tätigkeit um 7 Uhr vormittags. Der Unterricht dauerte bis 1 Uhr; nach entsprechender Pause gingen die Lehrlinge in die Werkstatt. Seitdem aber im November 1918 die Arbeitszeit von 6 bis 2 Uhr festgesetzt ist, trug man sich mit dem Gedanken, den Unterricht in die Nachmittagsstunden zu verlegen, da bei der jetzigen Art je eine Stunde vorher und nachher verloren wird und bei Verwendung der Zeit von 6—12 Uhr infolge der notwendigen anschließenden Pause auch nichts gewonnen wird. Das Turnen fand bei diesem Werke stets von $5^1/_2$—$7^1/_2$ statt, also, da die Werkstatt früher bis 6 Uhr arbeitete, zum Teil innerhalb, zum Teil außerhalb der praktischen Arbeitszeit. Als Sonderfall[211]) findet sich ein Unterricht in

[205]) Deutscher Ausschuss für technisches Schulwesen, a. a. O., 1912, S. 88.
[206]) Free, a. a. O., 1912, S. 161 ff.
[207]) Lippart, a. a. O., 1912, S. 8.
[208]) Free, a. a. O., 1912, S. 161 ff.
[209]) Lippart, a. a. O., 1912, S. 8.
[210]) Thyssen.
[211]) Kohlmann, a. a. O., 1908, S. 366.

einstündigen Fächern früh vor Werkstattbeginn. Da aber hier der Betrieb seine Tätigkeit erst um 8 Uhr aufnimmt, ist die Lage dieser Stunde weniger schlimm, als es zuerst den Anschein hat.

Bezüglich der Nachtschicht finden sich beide möglichen Fälle; entweder nimmt die Schule Rücksicht auf die Werkstatt und läßt nach einer Nachtschicht den Unterricht ausfallen, oder aber die Werkstatt richtet es so ein, daß der Junge niemals vor dem Tage, an dem er die Schule besuchen muß, nachts zu arbeiten hat. Diese Regelung ist nur möglich, wenn der ganze Unterricht hintereinander an einem oder zwei Vormittagen stattfindet.

Eine Sonderstellung nimmt der Unterricht an Sonntagvormittagen ein. An öffentlichen Fortbildungsschulen findet man ihn noch häufiger neben dem an Wochenabenden. Bei Werkschulen hingegen wird höchstens Zeichenunterricht Sonntags erteilt, teilweise mit der besonderen Begründung, daß hier die Jungen reinlich gekleidet und deshalb zur Arbeit am Reißbrett geeigneter seien. Obwohl gesetzlich ein Sonntagsunterricht möglich ist, besteht im allgemeinen doch der Wunsch, ihn ausfallen zu lassen, wenn auch grundsätzliches Verbot abgelehnt wird[212]). Angeregt wird eine andere Ausnutzung des Sonntags durch Betätigung im Sport.

Hausarbeiten werden im allgemeinen nicht erteilt, jedoch erhält bei einer Firma[213]) eine Gruppe von Lehrlingen in geringem Umfange häusliche Arbeiten aufgetragen, wofür ihnen in der Arbeitszeit eine halbe Stunde zur Verfügung gestellt wird. Diese halbe Stunde darf gleichzeitig dazu benutzt werden, mit Fragen, die dem Lehrling im Laufe der Woche eingefallen sind, an die Vorgesetzten heranzutreten.

Unterrichtsfächer und Lehrplan. Bei der Auswahl der Lehrfächer ist zunächst der Zweck des erteilten Unterrichts in erster Linie maßgebend. Bei öffentlichen Fortbildungsschulen erscheint eine Einwirkung des Arbeitgebers im allgemeinen ausgeschlossen, da Pläne und Fächer für einen großen Kreis, aus dem sich die Schüler ergänzen, gelten müssen; nur bei den Werkklassen, wie sie in Magdeburg eingerichtet sind, können Sonderwünsche berücksichtigt werden. Die Ziele der Fachschule mit Werkstättenbetrieb entsprechen in bezug auf den theoretischen Unterricht denen einer normalen Fortbildungs schule[214]). Bei Werkschulen sind die Interessen des Werkes einzig und allein maßgebend.

---

[212]) Deutscher Ausschuß für technisches Schulwesen, a. a. O., 1912, S. 284.

[213]) Thyssen.

[214]) Götte, a. a. O., 1912, S. 45.

Der Zweck der schulmäßigen Unterweisung kann ein doppelter sein: erstens ein Ergänzen der praktischen Lehre und zweitens allgemeine Erziehung und Ausbildung. Als dritte Richtung wird von verschiedener Seite noch die körperliche Betätigung in Turnen gefordert. Je nachdem, ob man nur einen von den beiden Hauptgesichtspunkten oder alle beide berücksichtigen will, ergeben sich verschiedene Möglichkeiten. Die Schule, die auf eine weitere Fortbildung verzichtet und nur das in der Volksschule Gelernte erhalten will, wird wegen der untergeordneten Bedeutung dabei außer Betracht gelassen.

Die einen wollen nur einen Unterricht in allgemeinen Fächern, etwa Bürgerkunde und ähnlichem, andere wollen unter Vernachlässigung alles allgemeinen Wissens nur Unterricht in den Fächern haben, die zur Ergänzung der praktischen Lehre dienen, während eine dritte Richtung, und dies ist die am meisten vertretene, die beiden anderen zu vereinigen sucht, sei es nun, daß für jede der beiden Gruppen von Unterrichtsfächern besondere Stunden angesetzt werden, oder die Beibringung des allgemeinen Wissens in den berufskundlichen Fächern mit zu geschehen hat.

Da der Lehrling zunächst nur an dem ein Interesse hat, was ihm für sein späteres Fortkommen oder aus irgendeinem anderen Grunde nutzbringend erscheint, ist enge Anlehnung an den Beruf und an die Werkstatt erforderlich, und hierin liegt ein wesentlicher Vorteil der Werkschulen. Freilich liegt bei diesen auch die Gefahr näher, daß sie die allgemeinen Fächer zu sehr vernachlässigen. Andererseits muß man sich aber auch hüten, in der Wahl der Fächer zu allgemein zu werden, da dem Beruf der Lehrlinge entsprechend erst einmal Eines gründlich gelernt werden muß, ehe man daran denken kann, ihm ein Zweites, entfernter Liegendes beizubringen. Man steht heute mit Recht auf dem Standpunkt, daß die den Werkschulen anhaftende gewisse Einseitigkeit nur ein Vorteil ist.

Trotz der Möglichkeit, auch bei allgemeinen Fortbildungsschulen auf einige Sonderwünsche in einzelnen Fällen einzugehen[215]), hat doch in vielen Fällen das Unvermögen der Berücksichtigung von Interessen einzelner Werke den Anlaß zur Gründung von Werkschulen gegeben[216]), um Lehrstoff und Lehrplan so gestalten zu können, wie man es für das betreffende Werk für vorteilhaft hielt. Für die Maschinenindustrie kommt es in hohem Maße darauf an, daß gerade die Einrichtungen des betreffenden Werkes im Unterricht berücksichtigt werden. Nicht nur soll man Modelltischler nicht

---

215) Free, a. a. O., 1912, S. 133.
216) Free, a. a. O., 1912, S. 144.

über die Anfertigung von Schränken und Schlosser der Industrie nicht über Gitter unterrichten, sondern es wird sogar verlangt, daß die einzelnen Werkstatteinrichtungen der einzelnen Fabrik genau behandelt und erklärt werden. Je weitergehend die Arbeitsteilung durchgeführt ist, um so notwendiger ist diese Forderung, wenn anders der Lehrling überhaupt einen Nutzen von seiner Lehre haben soll.

Die Fächer, in denen an den Schulen unterrichtet wird, sind außerordentlich verschieden[217]). Eine Zusammenstellung ergibt:

Elementarfächer,
Deutsch,
Schreiben und Aufsatz,
Gewerbliche Aufsätze,
Geschäftskunde,
Schriftliche Arbeiten,
Lebenskunde,
Bürgerkunde,
Gesetzeskunde,
Wirtschaftskunde.
Volkswirtschaftslehre,
Gesundheitslehre,
Gewerbliche Gesundheitslehre,
Geschichte,
Geographie,
Völkerkunde,
Wirtschaftsgeographie,
Kalkulation,
Mathematik,
Buchstabenrechnen (Algebra),
Arithmetik,
Geometrie,
Planimetrie,
Raumlehre,
Stereometrie,
Trigonometrie,
Angewandtes Rechnen,
Gewerbliches Rechnen,
Körperberechnung,
Darstellende Geometrie,
Realien- und Naturkunde,
Physik,
Mechanik,
Statik und Festigkeitslehre,
Wärmelehre,
Chemie,
Elektrotechnik,
Berufskunde,
Gewerbekunde,
Fachkunde,
Stoffkunde,
Rohstoffkunde,
Technologie,
Werkstattkunde,
Werkzeugkunde,
Maschinenlehre,
Maschinenelemente,
Werkzeugmaschinenkunde,
Montage,
Gewinderechnen,
Bergbaukunde,
Eisenhüttenkunde,
Zeichnen,
Anschauungsunterricht,
Fabrikorganisation.

Das Ziel der Werkschulen hält sich manchmal unter, manchmal über dem der öffentlichen Fortbildungsschule, mitunter sind die Anforderungen nur in einzelnen Fächern höher oder niedriger[218]). Fünf Unterrichtsfächer werden vor allem betont:

Berufskunde,
Zeichnen,
Deutsch,
Rechnen,
Bürgerkunde.

---

[217]) Free, a. a. O., 1912, S. 188/89. Kühne, a. a. O., 1912, S. 30.
[218]) Löwe, a. a. O., S. 19.

Es findet sich wohl[219]) die Regelung, daß nur besondere Stunden für Berufskunde, Bürgerkunde und Zeichnen angesetzt sind, während Rechnen und Deutsch in diesen Fächern mit erteilt werden müssen. Es werden dann nur von Zeit zu Zeit besondere Stunden eingeschaltet, um diejenigen Gebiete der deutschen Sprache und des Rechenunterrichtes, die bei der oben geschilderten Behandlung etwas vernachlässigt werden, zu ergänzen. Die Unterrichtsfächer einer anderen Schule[220]) sind im ersten Schuljahr für Maschinenbauer:

Berufskunde,
Rechnen,
Geometrie.
Zeichnen.

Über den Inhalt des in den einzelnen Fächern Dargebotenen wird empfohlen[221]), diesen so zu halten, daß ein Übergang aus einem Beruf in den andern möglich ist, wenn auch ein Übertritt im allgemeinen nicht so häufig zu sein scheint, wie man zunächst anzunehmen geneigt ist. 1909[222]) hatten von 173 Arbeitern 36 den Beruf gewechselt, heute hat sich dieses Verhältnis wohl verringert, nicht vermehrt. Die Firmen haben sehr gründliche Lehrpläne aufgestellt[223]). Im einzelnen schreibt z. B. eine Firma hierüber für das erste Schuljahr der Lehrlinge für zwei Stunden Berufskunde vor[224]):

„Berufswahl, Eintritt in die Lehre. Unsere Lehrwerkstatt und Lehrlingsausbildung. Arbeitsbuch. Zweck der Lehre. Lehrvertrag. Probezeit. Lösung des Lehrvertrages. Pflichten des Lehrherrn. Pflichten des Lehrlings. Fortbildungsschule. Lehrzeugnis. Geschichtliches: Der Lehrling in der Zunftzeit.

„Der Geselle: Der Geselle als gewerblicher Arbeiter; Verhältnis zum Arbeitgeber; Rechte und Pflichten des Gesellen; Kündigung und Entlassung; Gewerbegericht; Arbeitszeugnis; Wanderschaft, Militärpflicht; Landheer und Marine (dieser Lehrplan stammt aus dem Kriege); Befestigungen, Küstenverteidigung; Geschichtliches: Der Geselle in früherer Zeit.

„Der Vorarbeiter und Werkführer: Arbeitsordnung, Reichsversicherungsordnung, (kurz) Patentgesetze, Gesetz zum Schutze der Warenbezeichnung, unlauterer Wettbewerb.

---

[219]) Thyssen.
[220]) Löwe, a. a. O., S. 22.
[221]) Deutscher Ausschuß, a. a. O., 1912, S. 255.
[222]) Schumann, a. a. O., 1909, S. 80.
[223]) Löwe, Sulzer, Thyssen.
[224]) Löwe, a. a. O., S. 22. Ausführliche Lehrpläne u. a. bei Stolzenberg, a. a. O., 1919, S. 81 ff. Ausführliche Lehrpläne für Gießereilehrlinge bei Brandt, a. a. O., 1919, Heft 5, S. 109 ff.

„**Lesen**: Aus dem „Feierabend", herausgegeben vom Deutschen Verein für das Fortbildungsschulwesen.

„**Schriftliche Arbeiten**: Lehrstellen-Gesuch und Antwort, Postkarten, Briefe, Telegramme, polizeiliche An- und Abmeldung, Schriftstücke zur Ausfertigung eines Arbeitsbuches, sonstiger Postverkehr, Entschuldigungsschreiben an Schule und Werkstatt, Lebenslauf, Lehrlingsbücherei, Urlaubsantrag, Stellengesuch, Schriftstück an das Gewerbegericht, Postsendungen von Wanderschaft und Militär, Soldatenbriefe, Eingabe an die Militärbehörde, Schriftstücke zur Reichsversicherungsordnung, schriftliche Arbeiten: Fabrikmitteilungen, Bestellzettel, Materialien- und Modellannahmeschein."

Bei der Aufstellung der Lehrpläne ist Vorsicht geboten, da man sehr leicht in den Fehler verfällt, alles mögliche Schöne in den Lehrplan mit aufzunehmen, was für den Lehrling viel zu hoch ist oder aus Zeitmangel doch nicht erledigt werden kann.

Lehr- und Lernmittel. Die Schüler genießen eine weitgehende Lehr- und Lernmittelfreiheit. In einigen Fällen müssen sie sich kleine Schreib- und Zeichengeräte wie Bleistifte, Federn selbst kaufen, in anderen das Reißzeug. Da die zur Verfügung gestellten Lernmittel Eigentum der Firma sind, kann man die Schüler zu größerer Ordnung anhalten. Bei anderen Firmen[225]) werden nur die Gegenstände, die außerhalb der Werkschule nicht verwendet werden können, kostenlos, alles andere, wie Reißzeug, Bleistifte, Papier zum Selbstkostenpreis zur Verfügung gestellt, doch kann bei bedürftigen Schülern auf Antrag der Schulleitung auch hier von einer Bezahlung abgesehen werden. In anderen Fällen[226]) wird von vornherein bei allen Sachen auf eine Bezahlung verzichtet.

c) Erziehungsmittel.

Löhne. Ein wichtiges Erziehungsmittel, das der Industrie zur Verfügung steht, ist der Lohn; über die Höhe des gewöhnlich gezahlten Stundenlohnes wurden oben die nötigen Angaben mitgeteilt. Um zu vermeiden, daß der Schüler im Schulunterricht unaufmerksam dasitzt und das Ende herbeisehnt, um wieder Geld verdienen zu können, hat man vielfach dazu gegriffen, auch die in der öffentlichen Fortbildungsschule oder Werkschule verbrachte Zeit zu vergüten, und zwar zumeist mit denselben Sätzen wie die Werkstattstunden. Wegen der gewaltigen Lohnsteigerungen wurden allerdings im Kriege für Schulstunden mitunter nur die Friedenslöhne in An-

[225]) Thyssen.
[226]) Kohlmann, a. a. O., 1908, S. 362. Matschoß, a. a. O., 1919, S. 3.

rechnung gebracht, andererseits[227]) aber auch Teuerungszulagen in Höhe von 50—100 % des Verdienstes gewährt. Zur Hebung des Fleißes wird bei vielen Firmen auch ein Akkordlohn gezahlt[228]), der meist erst im letzten Jahre oder in der letzten Hälfte der Lehrzeit einsetzt, in einigen Fällen jedoch auch schon wenige Wochen nach Eintritt zur Anwendung kommt. Andere Firmen dagegen sehen vom Akkordverdienst völlig ab, oder lassen nur einige Berufe daran teilnehmen. Es findet sich auch die Anordnung, daß nur die besten Lehrlinge als besondere Belohnung die Teilnahme am Akkordlohn zugestanden erhalten.

Es wird entweder in einer Akkordgruppe zusammen mit ausgebildeten Facharbeitern gearbeitet oder die Arbeit des Lehrlings selbständig verrechnet. Die Höhe des Satzes reicht nie an die eines ausgelernten Arbeiters heran, ist meist auf einen bestimmten Bruchteil davon für alle Fälle festgesetzt und mitunter nach obenhin begrenzt. Für Schulstunden wird den in Akkord arbeitenden Lehrlingen von einigen Firmen nur ein fester Lohnsatz gezahlt, während andere den Betrag verrechnen, den der Lehrling bei ununterbrochener Werkstattstätigkeit verdient haben würde.

Prämien. Ein weiteres Mittel zum Ansporn ist die Gewährung von bestimmten Prämien bei besonderen Anlässen, z. B. in Gestalt von Zulagen für besonderen Fleiß oder gutes Betragen, oder bei Verbesserungen und Erfindungen. Die Auszahlung erfolgt entweder in bestimmten Zwischenräumen, wobei[229]) mitunter die Höhe der Prämie von vornherein festliegt, oder am Schlusse eines Jahres, oder nach Beendigung der ganzen Lehrzeit.

Die Form dieser Prämie ist in den meisten Fällen Geld[230]), mitunter besteht sie auch in Büchern gewerblichen Inhalts[231]), in Reißzeugen, Meßinstrumenten[232]) oder Taschenuhren.

Eine besonders fördernde Belohnung stellte die erweiterte Bildungsmöglichkeit dar. Der Lehrling wird entweder[233]) auf eine zweite Schule, etwa öffentliche Handwerkerschule, nebenbei gesandt, oder es werden Zusatzzeichenstunden, etwa an Sonntagen, für besonders tüchtige Lehrlinge abgehalten[234]). Auch ein vorübergehender

---

[227]) Utzinger, a. a. O., 1919, S. 9.
[228]) Lippart, a. a. O., 1912, S. 7. Schumann, a. a. O., 1911, S. 42.
[229]) Lippart, a. a. O., 1912, S. 7.
[230]) Lippart, a. a. O., 1912, S. 8.
[231]) Thyssen.
[232]) Kohlmann, a. a. O., 1908, S. 368. Sulzer, a. a. O., 1911, S. 244. Zentralstelle für Volkswohlfahrt, 1912, S. 412.
[233]) Ebenda, S 412. Matschoß, a. a. O., 1919, S. 7.
[234]) Free, a. a. O., 1912, S. 156.

Aufenthalt in einer anderen Werkstattabteilung wird erlaubt, so daß der Junge sich die Herstellung besonders interessanter Gegenstände genau ansehen kann.

Besonders geeigneten Lehrlingen[235]) wird es wohl auch ermöglicht, bei befreundeten Firmen ein Spezialgebiet besonders gründlich zu ergänzen mit der Möglichkeit zu Sprachstudien. Außerdem wird für die Besten noch in einem vierten Jahre theoretischer Unterricht abgehalten. Es findet sich auch wohl eine vorzeitige Entlassung aus dem Lehrverhältnis als Belohnung für besonderen Fleiß[236]).

Disziplin und Strafen. Die Disziplinmittel der Werkstatt sind denen der Schule überlegen und es ist ein Vorteil der Werkschule, daß ihnen der Betrieb unterstützend zur Seite steht. Die Strafen für Zuspätkommen und Ungehörigkeiten in der Werkstatt richten sich jeweils nach der Fabrikordnung, die sinngemäß auf die Werkschule übertragen wird. Insbesondere findet bei Verstößen ein Nichtbezahlen des theoretischen Unterrichtes statt. Als letztes Mittel wird Entlassung aus Schule und Werkstatt angedroht, doch kommt es wohl selten dazu, meist wird eine entsprechende Verwarnung genügen. Geldstrafen werden aber auch von einigen Firmen[237]) völlig abgelehnt, da sie mehr die Eltern als den Übeltäter selbst treffen. Einer entsprechenden Mitteilung an den Vater unter Androhungen einer Geldstrafe wird dieselbe Wirkung zugeschrieben.

Spareinrichtungen. Etwa vorhandene Fabriksparkassen stehen den Lehrlingen ohne weiteres zur Verfügung. Es finden sich aber auch Zwangsspareinrichtungen, oft mit dem Nebenzweck, die Firma gegen Kontraktbruch durch den Lehrling zu schützen, da bei vorzeitigem Verlassen der Lehre der ersparte Betrag entweder der Firma oder deren Wohlfahrtskasse zufällt. Bei festen Löhnen sowohl als bei Akkordarbeit wird ein bestimmter Betrag zurückbehalten und entweder[238]) der öffentlichen oder der von der Firma eingerichteten Sparkasse für das Konto des Lehrlings überwiesen, oder die Firma behält das Geld in eigener Verwahrung. Auch bei Zustellung an die öffentliche Sparkasse ist das Geld dem Lehrling nicht zugänglich, kann aber auf Antrag[239]) des Vaters oder Vormundes, wenn besondere Gründe vorliegen, ausgezahlt werden. Der Zinsfuß ist bei der öffentlichen Sparkasse festgelegt. Bei Verwaltung des Geldes durch die Fabrik erfolgt entweder gar keine Verzinsung[240]) (merk-

---

[235]) Matschoß, a. a. O, 1919, S. 8.
[236]) Zentralstelle für Volkswohlfahrt, 1912, S. 412.
[237]) Lippart, a. a. O., 1912, S. 7.
[238]) Lippart, a. a. O., 1912, S. 7. Frölich, a. a. O., 1912, S 217.
[239]) Schumann, a. a. O., 1911, S. 42.
[240]) Schumann, a. a. O., 1911, S. 42.

würdigerweise) oder eine solche entweder zu festen Sätzen oder in Höhe der in dem betreffenden Jahr gezahlten Dividende.

Ein Sparzwang empfiehlt sich allerdings für einen kleinen Bezirk nicht, da sonst eine Abwanderung in die Nachbarwerke stattfindet, in denen Zwangsspareinrichtungen nicht bestehen.

Die von manchen Firmen getroffene Regelung, daß zwar nichts zurückbehalten wird, daß aber am Schluß der Lehre eine feste Prämie, die zwischen 50—300 Mark bei den einzelnen Firmen schwankt, ausgezahlt wird, kommt schließlich auf dasselbe hinaus, nur tritt hier das erzieherische Moment nicht so stark in den Vordergrund.

d) Jugendpflege.

Unter Jugendpflege sei alles das zusammengefaßt, was nicht zur Beibringung eines Wissens dient und kein Ansporn zu rhöhter Tätigkeit sein soll. Es wird hier also die Tätigkeit berücksichtigt, die an den Lehrling um seiner selbst willen, die an den Menschen gewendet werden soll. Hier hängt nun alles, aber auch alles, von der Person dessen ab, der diese Tätigkeit ausübt. Um auch alle Lehrlinge zu fördern, ist mehrfach[241]) die Teilnahme an den Einrichtungen den Lehrlingen durch den Lehrvertrag vorgeschrieben.

Berufs- und Elternberatung. Eine segensreiche Unterstützung können die Leiter dieser Abteilungen durch die Eltern der Zöglinge erfahren, weshalb man dazu übergeht, mehr als bisher mit diesen Fühlung zu nehmen. So findet sich bei einer Firma[242]) unter Leitung des Direktors der Werkschule eine Beratungsstelle für Erziehungsfragen, für Schulausbildung, für Berufsfragen und für Vereinswesen. Von dieser Einrichtung wird den Eltern der Lehrlinge Mitteilung gemacht, so daß sie jederzeit in der Lage sind, hiervon Gebrauch zu machen; aber auch die Schüler selbst können sich in allen Fällen, in denen sie Rat und Hilfe notwendig haben, hierher wenden und erhalten in geschickter Form die notwendige Unterstützung. Erfreulicherweise erfährt die Berufsberatung bei der Wahl vor dem Ergreifen des Berufes eine immer größere Ausdehnung und die hierfür notwendige Unterstützung; sie ist aber auch notwendig, um Vorurteile, die von interessierter Seite genährt werden, zu beseitigen. So wird berichtet[243], daß die Gewerkschaften durch die Behauptung der gesundheitsschädlichen Wirkung des Formerberufes den Zuzug hierzu künstlich verringerten, daß es aber mit Hilfe der Berufsberatung und durch die Presse gelang, die Übertreibungen auf das

---

241) Utzinger, a. a. O., 1919, S. 79.
242) Thyssen.
243) Brandt, a. a. O., 1919, S. 117.

richtige Maß zurückzuschrauben und eine kleine Besserung in der Lehrlingshaltung zu erzielen.

Ärztliche Beratung. Ein Hauptaugenmerk ist auf die körperliche Gesundheit der Lehrlinge zu richten. Vor Eintritt in die Lehre findet bei vielen Firmen[244]) eine ärztliche Untersuchung auf die Tauglichkeit statt, deren Kosten die Firma trägt. Während ihrer Tätigkeit sind die Lehrlinge verpflichtet, Mitglieder der Krankenkasse zu sein; sie erhalten aber vielfach von dieser freie ärztliche Behandlung und Heilmittel auch für die Zeit, für die sie einen Anspruch nicht geltend machen können[245]). Diese einmalige Untersuchung und die Behandlung nur in Krankheitsfällen wird aber nicht für ausreichend gehalten. Man empfiehlt eine dauernde ärztliche Überwachung der Art, daß von Zeit zu Zeit eine Untersuchung des Gesundheitszustandes stattfindet. Ansätze zu dieser Einrichtung sind bereits vorhanden[246]). Diese in bestimmten Zwischenräumen sich wiederholende Untersuchung scheint vor allem bei den Zähnen angebracht zu sein. In welchem Zustande sich des Gebiß der Leute vielfach befindet, darüber können die Feldzahnärzte ein vernichtendes Urteil abgeben.

Turnen und Sport. Über die pflichtmäßige Einrichtung des Turnunterrichtes ist viel gestritten worden. Die Vorteile einer geordneten körperlichen Ausbildung liegen klar zutage, so daß eine weitere Erörterung derselben nicht notwendig ist. Die Turnstunden werden vor allem, um Widerstände, die ihrer Einführung entgegenstehen, auszuschalten, am besten außerhalb der Arbeitszeit abgehalten, zweckmäßigerweise vielleicht an den freien Samstagnachmittagen oder Sonntagvormittagen. Es findet sich aber auch Turnunterricht[247]) zum Teil in, zum Teil außerhalb der Arbeitszeit, z. B. von $5^1/_2$—$7^1/_2$ nachmittags bei Arbeitszeit bis 6 Uhr. Soll das Turnen von Erfolg begleitet sein, so kann es nur nach einem bestimmten Lehrplan erteilt werden; da andererseits aus oben angeführten Gründen eine Erteilung durch Werkbeamte sehr vorteilhaft ist, empfiehlt sich die Abhaltung von Kursen für die Hilfslehrer durch einen geprüften Turnlehrer. Vielleicht ist es zweckmäßig, einem nebenamtlichen Lehrer das Turnlehrerexamen ablegen zu lassen. Für kleinere Werke wird[248]) Beteiligung an städtischen oder korporativen Plätzen vorgeschlagen.

---

244) Lippart, a. a. O., 1912, S. 3. Schwarze, a. a. O., 1919, S. 106.

245) Kohlmann, a. a. O., 1908, S. 363.

246) Straßburg i. Els., mitg. im Bericht über den 5. preußischen Fortbildungsschultag, 1913, S. 29.

247) Thyssen.

248) Diebow, Körperliche Ertüchtigung, Leipzig 1919, S. 91.

Bei einer Firma[249]) wurden wöchentlich zwei Stunden Unterricht im Turnen erteilt. Während des Krieges wurde mit den Seelsorgern der betreffenden Gemeinde vereinbart, daß der Lehrling auf Antrag von einer Stunde Turnen befreit wird, wenn er während dieser Zeit an einem Vortrag über Lebenskunde teilnimmt. Interessant ist hierbei, daß erstens zum Nachdenken geneigte Jungen mit Vorliebe diesen Unterricht besuchen, zweitens mehr katholische als protestantische Jungen daran teilnehmen, und drittens die Beteiligung im Winter größer ist als im Sommer.

Die Arbeitspausen im Freien zuzubringen, dafür müßte unbedingt Sorge getroffen werden, und zwar nicht auf irgendeinem Lagerhof zwischen altem Eisen, sondern auf eigens dafür geschaffenen Plätzen.

Bei einigen Werken hat man Sportklubs oder ähnliche Einrichtungen gegründet, für die empfohlen wird, sie demjenigen Ingenieur oder Lehrer zu unterstellen, der die Oberaufsicht über die gesamte Lehrlingsausbildung hat[250]). Bei einer Firma[251]) besteht ein Sportklub, dem Lehrlinge, ehemalige Lehrlinge, aber auch Betriebsleiter, Meister und Lehrer angehören, und in dem Turnen, Schwimmen, Fußball und anderer Sport betrieben wird.

Zu den Mitteln, die körperliche Tüchtigkeit zu heben und zu erhalten, gehört auch die Gewährung von Urlaub. Eine Firma[252]) gewährt allen Schülern einen vierzehntägigen Urlaub, der in die Zeit vom 1. Juli bis 31. August zu legen ist, so daß ein Fernbleiben von der Werkschule sich erübrigt, da diese während der beiden Monate keinen Unterricht abhält. Eine andere Firma[253]) gewährt kranken Lehrlingen freien Kuraufenthalt oder leistet sonstige größere Beihilfe.

An anderen Werken haben sich Wehrkraftzüge gebildet[254]), in denen vor allen Dingen Ausflüge und Wanderungen unternommen werden. Für derartige Zwecke zahlt ein Werk[255]) Einlagen aus der Sparkasse zum Teil zurück oder trägt für Unbemittelte völlig die Kosten. Jährlich wird auf diese Weise eine Pfingstfahrt ausgeführt, sowie im Sommer an Samstagen und Sonntagen Ausflüge, im Winter Eisläufe veranstaltet. Eine andere Firma[256]) hat in den nahen Bergen

---

[249]) Thyssen.

[250]) Deutscher Ausschuß für technisches Schulwesen, a. a. O., 1912, S. 284.

[251]) Löwe, a. a. O., S. 47 ff.

[252]) Kohlmann, a. a. O., 1908, S. 368 f.

[253]) Matschoß, a. a. O., 1919, S. 8.

[254]) Maschinenfabrik Augsburg-Nürnberg, 1917/18, S. 13 und 20.

[255]) Löwe, a. a. O., S. 47 f.

[256]) Matschoß, a. a. O., 1919, S. 8.

eine Erholungshütte errichtet und veranstaltet auch Ausflüge zu befreundeten Firmen.

Büchereien. Büchereien oder Ansätze dazu, aus denen Bücher beruflichen oder unterhaltenden Inhalts entliehen werden können, finden sich mehrfach. Die Berichte lauten sehr günstig, die Benutzung ist sehr stark[257]). Bisweilen ist die Nachfrage so groß, daß nie oder nur selten ein Buch in den Schränken steht[258]). An einigen Fabriken, vor allem solchen mit hochentwickelten Werkschulen, bestehen gesonderte Leseräume, in denen Zeitschriften und Zeitungen ausliegen, und die den Lehrlingen in ihrer berufsfreien Zeit zur Verfügung stehen.

Die für Fortbildungsschüler herausgegebene Zeitschrift „Feierabend" wird vielfach von den Werken für die Schüler bezogen oder zum wenigsten wird ein Beitrag zu den Kosten geleistet. Daneben besteht noch die sozialdemokratische, für den gleichen Leserkreis bestimmte Zeitschrift „Arbeiter-Jugend", über deren Verbreitung Zahlen nicht bekannt sind.

Vereine und Heime. Zur Weiterbildung und zum Zwecke geselligen Beisammenseins haben sich mitunter Vereine und Vereinigungen gebildet, wenn auch meist erst die Anfänge hierzu vorhanden sind. So wurden Lesevereine, Übungskurse in Stenographie oder fremden Sprachen in Anregung gebracht, oder die Werkleitung läßt, namentlich im Winter[259]), Unterhaltungsabende, Lichtbildervorträge, Vorlesungen oder Musikveranstaltungen abhalten, deren Erträgnisse meist Wohlfahrtseinrichtungen für Lehrlinge zufließen. Eine Schule[260]) hat so ein Streichorchester aus Lehrlingen zusammengestellt.

Viele, namentlich katholische Schüler, gehören konfessionellen Jünglingsvereinen an. Gesonderte Zahlen für die Maschinenindustrie wurden nirgends gefunden. Um aber einen Anhalt über die mögliche Beteiligung zu geben, sei das Ergebnis einer Umfrage mitgeteilt, das sich auf 2090 Schüler der öffentlichen Fortbildungsschule in Mülheim erstreckte und folgendes ergab[261]):

504 =	24,11 %	katholische Jugendvereine,
281 =	13,43 %	evangelische „
175 =	8,36 %	Turnvereine,
22 =	1,10 %	Schwimmvereine,
58 =	2,76 %	sonstige Vereine,
930 =	44,50 %	keine Vereine.

---

257) Löwe, a. a. O., S. 47 f.

258) Thyssen.

259) Löwe, a. a. O., S. 47.

260) Maschinenfabrik Augsburg-Nürnberg, 1917/18, a. a. O., S. 33.

261) Mülheim a. d. Ruhr, Jahresbericht 1913/14, S. 16.

32 Schüler gehörten zwei Vereinen gleichzeitig an, einige sogar mehreren Vereinen. In obiger Aufstellung ist jeder Schüler nur einmal gezählt.“

Besondere Heime für die Lehrlinge, in denen sich diese an ihrer freien Zeit, vor allem Sonntags, aufhalten können, gibt es noch wenig[262]). Vorläufer kann man in den oben erwähnten Leseräumen erblicken. Versuche mit eigenen Heimen sind vielfach, da sie fehlschlugen, wieder aufgegeben worden. Es hängt bei ihnen außerordentlich viel von der Hingabe und dem Geschick der Leitung ab. Über ein regelrecht ausgebautes Lehrlingsheim wird berichtet[263]):

„Es handelt sich hierbei um das Lehrlingsheim der Firma Marienhütte in Kotzenau, das wohl aus besonderen örtlichen Verhältnissen entstanden ist. In diesem Lehrlingsheim finden Lehrlinge, namentlich von Eltern, die nicht in Kotzenau wohnen und bei der Marienhütte angestellt werden, Aufnahme. Es ist für 60 bis 65 Personen eingerichtet. Bedingung für die Aufnahme ist Beibringung eines ärztlichen Gesundheitsscheines und eines Zeugnisses über tadelloses Betragen in der Schulzeit. Es wird in diesem Heim Wohnung, volle Beköstigung, Heizung, Beleuchtung geboten; der Lehrling erhält einen verschließbaren Schrank, ein vollständiges Bett und Handtücher und ist jederzeit berechtigt, von der Badezimmereinrichtung Gebrauch zu machen. Für den Tag wird hierfür vom Lehrling im ersten und zweiten Lehrjahr 0,75 Mark, im dritten und vierten Lehrjahre 1 Mark gezahlt; dagegen erhalten diese Lehrlinge als Mindestlohn im ersten und zweiten Lehrjahre 1,12 Mark für den Tag, im dritten und vierten Lehrjahr 1,50 Mark für den Tag.

Die Lehrlinge sind den im Lehrlingsheim wohnenden Hauseltern während ihres Aufenthaltes unterstellt, und wer durch unanständiges, sittenloses Benehmen, Unverträglichkeit mit den Kameraden, Unfolgsamkeit gegen die Hauseltern die Ordnung im Heim stört, wird entfernt. Die Berechtigung zum Genuß der Vorteile der Lehrlingsheime erlöscht mit Beendigung der Lehrzeit. Durch diese Einrichtung wird ein guter Einfluß auf das sittliche Verhalten der jungen Leute ausgeübt.“

Der Bericht über das Lehrlingsheim einer anderen Firma[264]) aus neuerer Zeit lautet: „Da es sich als schwierig herausgestellt hatte, Lehrlinge von auswärts in für sie besonders zuträglicher Weise unterzubringen, hat die Firma eigene Lehrlingswohnheime gegründet. Sie befinden sich in den Dörfern Wiesendangen und Oberwinterthur,

---

[262]) Recke, Fürsorge für die schulentlassene Jugend. Zentralstelle für Volkswohlfahrt, 1909, S. 186.

[263]) Brandt, a. a. O., 1912, S. 128.

[264]) Matschoß, a. a. O., 1919, S. 7.

etwa 15 Minuten Bahnfahrt von Winterthur entfernt. Jedes Lehrlingswohnheim steht unter der Aufsicht eines bei der Firma beschäftigten kinderlosen Arbeiters oder Angestellten und dessen Frau. Die ‚Heimeltern' haben freie Wohnung und erhalten außerdem einen Beitrag zu den Kosten für Heizung und Beleuchtung. Zu jedem Wohnsitz gehört ein Nutzgarten von etwa 1400 qm. Die Lehrlinge zahlen gegenwärtig monatlich rund 95 Fr. und haben dafür Anspruch auf Wohnung und volle Verpflegung. Der Betrag setzt sich zusammen aus etwa: 10 Fr. für das Zimmer, 68 Fr. für Verpflegung im Hause usw., 15 Fr. für Mittagessen im Arbeitskasino und 2 Fr. für Bahnzeitkarte. Der Lehrling verdient je nach Alter und Leistungen 35 Fr. bis 110 Fr., durch Stückarbeit entsprechend mehr.

Da die Erträgnisse aus den Zimmermietpreisen für den Unterhalt der Häuser, Einrichtung der Lehrlingszimmer usw. nicht ausreichen, muß die Firma natürlich entsprechende Zuschüsse leisten." Auch zu dem Mittagstisch der Lehrlinge muß die Firma beträchtlich zuzahlen.

Man wird den Lehrlingsheimen in Zukunft viel Aufmerksamkeit zuwenden müssen.

e) Abschluß der Lehrzeit.

Regelrechte Gesellenprüfung. Eine Erteilung von Semester- oder Jahreszeugnissen findet sich bei verschiedenen Schulen. Auch bei den Firmen, die von der Erteilung von Semesterzeugnissen absehen, wird am Schlusse nach Beendigung der Lehrzeit ein Abgangszeugnis über die gesamte Lehre ausgestellt, und zwar nach Ablegung einer ordnungsmäßigen Gesellenprüfung, die sich auf das theoretische und praktische Gebiet erstreckt oder nach dem Examen, das nur eines von beiden Gebieten umfaßt oder auch ohne jede Prüfung.

Eine Schwierigkeit für die Abhaltung der Gesellenprüfung in der Industrie ergibt sich dadurch, daß ein Organ, welches eine staatlich gültige Prüfung vornehmen kann, für die Industrie nicht besteht. Wohl sind[265]) die Prüfungen der Werkstätten der Preußisch-Hessischen Eisenbahnverwaltung und die der vier Fachschulen[266]) als vollwertig anerkannt, für die Industrie kommt dies aber nicht in Betracht. Es sind nur Einrichtungen für eine Prüfung der Handwerkslehrlinge getroffen, wenn auch die Industrielehrlinge Anspruch auf Prüfung erheben dürfen. Die für die Industrie noch fehlenden gesetzlichen Bestimmungen in dieser Richtung werden aber von den beteiligten Werken mit Nachdruck gefordert und müssen in kurzer

[265]) Frölich, a. a. O., 1919, S. 100.
[266]) s. o. S. 46.

Zeit geschaffen werden, soll nicht die Lehrlingsausbildung der industriellen Unternehmungen unheilbaren Schaden erleiden. Diese Forderung ist vor allem auch im Interesse der Arbeiter selbst aufzustellen, um sie aus der großen Masse der Ungelernten herauszuheben und ihnen einen Ersatz dafür zu gewähren, daß sie eine ordnungsgemäße Lehre durchgemacht und darauf verzichtet haben, sofort nach dem Verlassen der Volksschule von vornherein hohe Löhne zu verdienen.

Eine Abstufung nach Leistungen wird bei dieser Prüfung abgelehnt. Es soll nur allgemein festgestellt werden, daß der Lehrling die für seinen Beruf notwendigen Kenntnisse besitzt. An anderer Stelle allerdings[267]) wird ein Unterschied gemacht, und zwar wird als erster Preis ein Gesellenbrief und 20 Mark, als zweiter Preis ein Gesellenbrief und 10 Mark, als dritter Preis ein Gesellenbrief erteilt. Durch Verleihung der Diplome einer Stiftung und weiterer 10 Mark werden besonders hervorragende Leistungen ausgezeichnet. Als möglich wird auch die Festsetzung des Lohnes als Gehilfe nach dem Ausfall der Prüfung genannt, empfehlenswert ist dies jedoch nicht.

Um nun aber auch jetzt schon den Industrielehrlingen die Möglichkeit zu geben, ihre Lehre abzuschließen und in den Genuß der Vorteile zu gelangen, den das Handwerk seinen entsprechenden Berufen verleiht, hat man zu dem Ausweg gegriffen, die Industrielehrlinge von den Prüfungsausschüssen der Handwerkskammern prüfen zu lassen. Bei einer Umfrage im Jahre 1912 bei 51 Firmen mit über 75 Lehrlingen[268]) fand sich nur bei drei Firmen ein Zusammenarbeiten mit den Handwerkskammern zum Zwecke der Gesellenprüfung, wobei sich in zwei Fällen die Kammer sogar an der Auswahl des Gesellenstückes beteiligte. Der Ausschuß für die theoretische Prüfung wurde bei allen drei Firmen aus Vertretern des Werkes und solchen der Handwerkskammer gebildet. Auf diese Weise erhalten die Lehrlinge die Möglichkeit, den Titel eines Handwerksgesellen und später eines Handwerksmeisters zu führen. In einem Falle[269]) wird es dem Lehrling überlassen, sich freiwillig vor einem gemischten Ausschuß zur Prüfung zu stellen. Von dieser Möglichkeit machen die Lehrlinge fast sämtlich Gebrauch. Verzichtet einer darauf, so hat er auch kein Gesellenstück anzufertigen.

Einige Werke[270]) halten eine Gesellenprüfung für überflüssig, geben aber leider keine Gründe dafür an. Von 35 Firmen halten

[267]) Brandt, a. a. O., 1912, S. 126.
[268]) Lippart, a. a. O., 1912, S. 8.
[269]) v. Voß, a. a. O., 1911, S. 294.
[270]) Stolzenberg, a. a. O., 1919, S. 71.

nach einer Umfrage 20 eine Prüfung ab, für die gesamte Maschinenindustrie dürfte das Verhältnis allerdings etwas kleiner sein. Bei einer anderen Umfrage ergab sich bei 63 Werken[271]: 32 verpflichten zur Prüfung, neun stellen sie frei, 22 verzichten darauf.

Von 37 Werken halten acht die Prüfung allein selbst ab, vier zusammen mit der Handwerkskammer, 25 überlassen die Prüfung — bedauerlicherweise — vollkommen den Handwerkskammern.

Hört die gesetzliche Schulpflicht eher auf als der Unterricht an der Werkschule und die Lehrzeit, so findet sich wohl[272] zu dem Zeitpunkt, an dem die gesetzliche Schulpflicht aufhört, eine öffentliche Prüfung unter Mitwirkung der Schulaufsichtsbehörde; trotzdem geht der Unterricht später noch weiter, und am Schlusse der Lehrzeit findet eine regelrechte Gesellenprüfung statt.

Bei der Regelung der Prüfung durch die Handwerkskammern haben sich die verschiedensten Schwierigkeiten ergeben. In einer Stadt[273] hat die Handwerkskammer gefordert, daß die Ausbildung durch Leute mit dem kleinen Befähigungsnachweis erfolgt sein müsse, daß ein zu vereinbarender Beitrag zur Handwerkskammer oder eine erhöhte Prüfungsgebühr gezahlt werden müsse. Eine Firma[274] hält zwar die Prüfung der Lehrlinge für außerordentlich vorteilhaft und für sehr notwendig, lehnt es aber ab, diese durch das Handwerk vornehmen zu lassen. Eine Abhaltung der Prüfung durch die Firma mit der Berechtigung, eine dem Gesellen- und Meistertitel entsprechende Bezeichnung zu verleihen, hat die Regierung abgelehnt[275]. Bei der Weiterverfolgung der Angelegenheit wurde das Werk vom Handwerk schließlich aufgefordert, Mitglied der Schlosserinnung zu werden, um an der Handwerkskammer die Prüfung zu ermöglichen. Mit Recht bemerkt hierzu die Fabrikleitung, daß sie dann für die Modelltischler der Tischlerinnung, für die Former der Töpferinnung beitreten müßte. Berichtet wird von der Prüfung der Former durch Ofensetzer und von Mechanikern durch Optiker[276]. An sich ist es natürlich ein Unding einen in einer Fabrik ausgebildeten Facharbeiter als Handwerksgesellen zu bezeichnen, zumal die Handwerker selbst schon zugeben, daß die Ausbildung beider grundverschieden

---

[271] Utzinger, a. a. O., 1919, S. 102.

[272] Deutscher Ausschuß für technisches Schulwesen, a. a. O., 1912, S. 175.

[273] Frölich, a. a. O., 1911, S. 226.

[274] Löwe, a. a. O., S. 45.

[275] Deutscher Ausschuß für technisches Schulwesen, S. 253 f.

[276] Sonderdruck des Vereins deutscher Ingenieure, 1914, Heft 148, S. 88 und 92.

ist[277]). Die bisweilen getroffene Einrichtung kann stets nur als Ausweg gelten, bis eine endgültige Regelung getroffen ist. Hierbei muß aber entschieden festgehalten werden, daß ein in der Industrie ausgebildeter Facharbeiter später jederzeit die Möglichkeit haben muß, sich selbständig zu machen, sich einen Kleinbetrieb und sei es als Handwerker, aufzumachen. Das Handwerk wird dabei nur gewinnen. Die Einführung der Kleinmaschine in den Handwerkerbetrieb wird wesentlich gefördert werden. Diese Erlaubnis recht auszunützen werden aber stets nur sehr wenige Leute in der Lage sein, da es für die meisten in der Industrie vertretenen Berufe selbständige Handwerke gar nicht gibt.

Über das Verhältnis von Handwerk zu Industrie führt die oben genannte Firma sehr treffend aus[278]): „Von der Hauptsache aber, den verwickelten modernen Arbeitsmaschinen, davon verstehen unsere Lehrlinge mehr als der ehrbarste und tüchtigste Handwerksmeister; dafür sind doch Handwerk und Fabrik gewisse Gegensätze, ich meine nicht feindliche Gegensätze, sondern Gegensätze, wie z. B. ein Schlosser und Schneider auch einen Gegensatz bilden. Sie arbeiten mit ganz verschiedenen Hilfsmitteln".

Wegen des grundsätzlichen Unterschiedes zwischen den Lehrlingen von Industrie und Handwerk erklärt die Regierung[279]) es für unzulässig, die Einhaltung der von den Handwerkskammern für das Handwerk getroffenen Regelung von den Lehrlingen zu verlangen, nur die Zahlung einer erhöhten Prüfungsgebühr darf gefordert werden. Vielfach[280]) z. B. in Württemberg ist die Handwerkskammer aber gar nicht in der Lage, den Prüfungsausschuß zweckentsprechend zu besetzen, weshalb man in Bayern, wo ähnliche Schwierigkeiten auftraten, die Einsetzung von gemischten Ausschüssen angeordnet hat. 1918[281]) ist der Verein Deutscher Maschinenbauanstalten bei dem zuständigen preußischen Minister vorstellig geworden, worauf ihm der Bescheid wurde, daß die Handelskammern besondere Ausschüsse für die Prüfungen bilden könnten, da sie gesetzlich dazu berechtigt seien. Eine Neuordnung durch die Novelle zur Gewerbeordnung wurde als möglich hingestellt, für die Dauer des Krieges aber abgelehnt. Anderseits wird berichtet[282]), daß der Handelsminister und das Oberverwaltungsgericht in Preußen den Begriff Großhand-

---

[277]) Deutscher Ausschuß für technisches Schulwesen, S. 265.

[278]) Deutscher Ausschuß für technisches Schulwesen, a. a. O., S. 252.

[279]) Zentralstelle für Volkswohlfahrt, S. 418. Erlaß der preußischen Regierung vom 20. April 1910.

[280]) Frölich, a. a. O., 1919, S. 109.

[281]) Frölich, a. a. O., 1919, S. 109.

[282]) Brandt, a. a. O., 1919, S. 221.

werk gebildet haben, unter den viele Fabrikbetriebe fielen, die dann logischerweise auch den Handwerkskammern angehören würden. Die beste Lösung für die Prüfung der Industrielehrlinge ist wohl die Vornahme durch Industrieausschüsse oder etwaige Industriekammern, nicht durch Handwerkskammern oder, wie auch 1912 schon Vorschläge gemacht wurden[283]), die aber genau so verfehlt wären, durch Handelskammern.

Teilweise Prüfung. Ein anderer Weg ist der, daß die theoretische Prüfung an der Werkschule als vollgültig anerkannt wird und ihre Ablegung von der mündlichen Gesellenprüfung befreit. In der Tat findet sich, wenn auch selten, dieser Mittelweg[284]). Die Fachschulen mit Werkstättenbetrieb haben ihre Abschlußprüfung ähnlich geregelt.

Mitunter[285]) wird eine Art Gesellenprüfung abgehalten, und zwar auch theoretisch und praktisch, aber nur von einem von der Fabrik eingesetzten Prüfungsausschuß, der keinerlei vom Staat anerkannte Befugnisse hat. An anderer Stelle[286]) wird nur die Anfertigung eines Gesellenstückes verlangt, von dessen Ausfall die Entlassung aus der Lehre abhängt. Auf eine theoretische Prüfung wird verzichtet.

Die Auswahl der anzufertigenden Arbeit erfolgt meist durch Meister und Betriebsleiter, bisweilen[287]) auch durch den Lehrling selbst. Fehlt auch die Anfertigung des Gesellenstückes, so findet man dafür wohl als Ersatz eine Ausstellung von Lehrlingsarbeiten, bei der die besten Stücke mit Prämien belohnt werden. Manche Firmen verzichten auf die Anfertigung des Gesellenstückes, halten aber eine theoretische Abschlußprüfung ab[288]). Andere bringen die Leistungen der Werkschule ohne Abschlußprufung im Lehrzeugnis zum Ausdruck mit der Begründung, daß der Lehrer die Leistungen des Schülers im Laufe des Jahres genügend kennen gelernt hat, um ein abschließendes Urteil geben zu können. Schließlich wird an manchen Stellen ein Entlassungszeugnis nur auf Wunsch erteilt.

Da das Prüfungswesen von der Industrie allein nicht geregelt werden kann, muß baldiges Einvernehmen mit der Regierung und den Arbeitnehmer-Organisationen erstrebt werden, unter Beobachtung der dargelegten Gesichtspunkte.

---

283) Deutscher Ausschuß für technisches Schulwesen, a. a. O., S. 272.
284) Free, a. a. O., 1912, S. 174. Frölich, a. a. O., 1919, S. 110.
285) Lippart, a. a. O., 1912, S. 8.
286) Frölich, a. a. O., 1912, S. 17.
287) Lippart, a. a. O., 1912, S. 18.
288) Free, a. a. O., 1912, S. 175.

Die Zeit, von neuem an diese Frage heranzutreten, dürfte jetzt gekommen sein. Es ist dafür Sorge zu tragen, daß die Prüfung der Industrielehrlinge einer besonderen Instanz, etwa den Arbeitskammern oder den Bezirkswirtschaftsräten übertragen wird.

3. Weitere Verwendung der ausgelernten Facharbeiter.

Die Erfolge einer geordneten Lehrlingsausbildung werden allgemein als gut bezeichnet[289]). Diese bietet die Möglichkeit, einen zufriedenen und seßhaften Arbeiterstamm heranzuziehen, da die Anhänglichkeit der Lehrlinge allgemein betont wird. Es sollen etwa zwei Drittel der ausgelernten Facharbeiter[290]) bei der Firma bleiben oder nach kurzer Wanderschaft zu ihr zurückkehren. Geklagt wird nur von einem Werk über sehr umfangreiche Abwanderung nach Abschluß der Lehrzeit[291]), doch muß bei dieser Angabe bedacht werden, daß es sich um eine Berliner Firma handelt, in deren Nähe außerordentlich zahlreiche andere Arbeitsmöglichkeiten vorhanden waren, und daß dieses Werk selbst zu der Zeit, da die Mitteilung gemacht wurde, erst seit zwei Jahren eine Lehrlingsabteilung in der Werkstatt eingerichtet hatte. An anderer Stelle[292]) kehren die Arbeiter gern nach Beendigung ihrer Militärzeit zu der Firma, die sie ausgebildet hat, zurück.

In großer Zahl gehen nach Verlauf der Lehrzeit bei einer Verwaltung[293]) die Former in die Fremde, doch kehren sie später in umfangreichem Maße wieder zurück. Diese Erscheinung findet sich auch noch bei anderen Berufen.

Mitunter[294]) werden die jungen Leute sogar von ihrer Firma veranlaßt, auf die Wanderschaft zu gehen, um Neues zu lernen. Man hofft dabei, daß sie später doch wieder zu ihrer alten Lehrstätte zurückkehren, und in der Tat kann berichtet werden[295]), daß ein großer Teil, und zwar gerade die besten Facharbeiter, den Weg zu der alten Firma, die sie ausgebildet hat, zurückfinden. Findet die Rückkehr nicht zur alten Lehrwerkstätte statt, so doch häufig zu irgendeinem andern Betrieb[296]), an dem früher gearbeitet wurde und zu dem noch alte Beziehungen oder sonstige Bande bestehen.

---

289) Rieppel, a. a. O., 1911, S. 5.
290) Rieppel, a. a. O., 1911, S. 5. Sulzer, a. a. O., 1911, S. 246.
291) Altenrath, a. a. O., 1912, S. 232.
292) Schumann, a. a. O., 1911, S. 27.
293) Sulzer, a. a. O., 1911, S. 246.
294) Lippart, a. a. O., 1912, S. 9.
295) Frölich, a. a. O., 1912, S. 19.
296) Schumann, a. a. O., 1909, S. 141 f.

Einige Unternehmungen tauschen die Lehrlinge ihrer einzelnen Werke gegeneinander aus oder schließen[297]) mit anderen Firmen Vereinbarungen ab dahingehend, daß ein gegenseitiger Wechsel ausgelernter Facharbeiter stattfindet. Die Erfolge dieser Einrichtung sind recht zufriedenstellend. Im Gegensatz hierzu streben andere Werke danach, die ausgebildeten Lehrlinge möglichst lange Zeit im eigenen Werke zurückzubehalten, um wenigstens einigermaßen einen Nutzen für die aufgewendeten hohen Ausbildungskosten zu haben.

Ein Teil der besten Schüler erhält die Möglichkeit der Weiterbildung[298]), sei es durch Unterricht in gewerblichen Fächern oder Sprachen, manchmal sogar während der Arbeitszeit, sei es durch Teilnahme an Kursen für Vorarbeiter und Meister, oder durch kostenlose Entsendung auf eine Fachschule. Doch wenn auch ein Teil der Lehrlinge hierfür ausgewählt wird und ausgewählt werden muß, wenn auch ein weiterer kleiner Teil vor allem nach Besuch der Fachschulen auf Büros abwandert, die Hauptsache bleibt doch die Sorge für den Nachwuchs an gelernten Facharbeitern für die Werkstatt.

II. Ungelernte Arbeiter.

Eine zweite Gruppe von Arbeitern der Maschinenindustrie, für deren Nachwuchs gesorgt werden muß, sind die Ungelernten. Es sind dies Leute, die keinen bestimmten Beruf, zu dem eine längere Ausbildung notwendig ist, ergreifen, sondern sich allen den Arbeiten zuwenden, die sofort oder nach sehr kurzer Erklärung vollkommen verrichtet werden können.

Bedarf. Wie groß der Bedarf der Maschinenindustrie an solchen Leuten ist, und wie sich infolgedessen die Verhältnisse für den Nachwuchs, die sog. jugendlichen Hilfsarbeiter gestalten, läßt sich schwer feststellen. Einmal stehen Zahlen hierüber für die Maschinenindustrie allein nicht zur Verfügung, und zum anderen ist die Beschäftigung in den einzelnen Werken zu verschiedenen Zeiten außerordentlich verschieden, da sie in hohem Maße von dem Beschäftigungsgrad des Werkes abhängt. Bei Nachlassen der Arbeit in den Fabriken werden die Ungelernten zuerst und sofort entlassen, bei Hochkon-

---

[297]) Löwe, a. a. O., S. 50. Stolzenberg, Austausch gelernter Lehrlinge, Werkstattechnik, 1913, S. 49.

[298]) Lippart, a. a. O., 1912, S. 8.

junktur werden sie in großem Maße eingestellt. Um aber doch einen, wenn auch unsicheren Anhaltspunkt zu erhalten, seien einige Zahlen von jugendlichen Ungelernten angeführt, die zwar für die gesamte Industrie gelten, mutatis mutandis aber auch für die Maschinenindustrie Anwendung finden können. Der gemeinsame Jahresbericht der gewerblichen Fortbildungsschulen des rheinisch-westfälischen Industriebezirkes gibt an:

	Ungelernte:				
	Gesamtzahl	Industrie	%	Handwerk	%
1912	15 463	13 036	84	2427	16
1914	18 878	15 561	83	3317	17

Der Bedarf der Industrie an ungelernten Jugendlichen ist also gewaltig größer als der des Handwerks. Für das gesamte gewerbliche Fortbildungsschulwesen wird die Zahl der Ungelernten auf etwa ein Drittel sämtlicher Jugendlichen geschätzt[299]).

In Gelsenkirchen waren vorhanden[300]):

	1914/15	1915/16
Lehrlinge in der Industrie	570	441
Hilfsarbeiter in der Industrie	1082	1170

Einen genauen Rückschluß lassen diese Zahlen aber nicht zu, da sie immer nur einen Teil der wirklich vorhandenen Leute angeben, da erstens nicht überall Fortbildungsschulzwang besteht, zweitens Lehrlinge, zum Teil auch Ungelernte in eigenen Werkschulen unterrichtet werden, und drittens Ungelernte vom Schulbesuch befreit sind, während für Lehrlinge Schulzwang besteht. Bei einer Maschinenfabrik[301]) finden sich etwa 700 Lehrlinge gegenüber etwa 1000 ungelernten Jugendlichen im Oktober 1918. Da die Maschinenindustrie eine große Anzahl hochwertiger Facharbeiter benötigt, dürften diese Verhältnisse die Zahlen der Ungelernten eher zu hoch als zu niedrig angeben, zumal zu der Zeit, aus der die Angabe stammt, nur Heeresmaterial hergestellt wurde und viel Transportarbeiten und leichtere Facharbeiten durch Ungelernte zu verrichten waren. Im Kriege hat ja überhaupt in der Industrie ein außerordentlich starker Bedarf an ungelernten Arbeitern bestanden, so daß auch gelernte Handwerker, wie Bäcker usw. wegen der hohen Löhne als ungelernte Arbeiter in Fabriken Beschäftigung suchten und fanden. Eine Tatsache, die allerdings auch schon lange Zeit vor dem Kriege (1909)[302]) festgestellt werden konnte.

---

[299]) Dominikus, Vortrag über Ungelernte, mitg. im Bericht über den fünften preußischen Fortbildungsschultag 1913, S. 33.

[300]) Jahresbericht, S. 11.

[301]) Thyssen.

[302]) Sorer, a. a. O., 1911, S. 198.

Ungelernte werden in jedem Alter beschäftigt und eingestellt. Man wird sie als „Jugendliche“ bezeichnen in Ländern mit Fortbildungsschulzwang bis zur Beendigung der Schulpflicht, in anderen Staaten bis zu dem entsprechenden Alter. Ein bestimmtes Alter ist als unterste Grenze für dauernde Beschäftigung vorgeschrieben, vor dessen Erreichung aber auch eine stundenweise Verwendung als Laufbursche stattfinden kann.

Die Vorbildung ist wechselnd. Es gibt solche, die mit abgeschlossener Volksschulbildung eintreten und solche, die, wenn sie das entsprechende schulpflichtige Alter hinter sich haben, aus irgendeiner unteren Volksschulklasse abgehen. Vorschriften von seiten des Werkes über die Vorbildung bestehen naturgemäß nicht.

Familienverhältnisse spielen eine große Rolle. Junge Leute, die an sich eine gute Vorbildung haben und auch Interesse zeigen, eine geordnete Lehre durchzumachen, müssen darauf verzichten, da sie gezwungen sind, möglichst rasch Geld zu verdienen und zum Unterhalt der Familie beizutragen. Die Einschulung der ungelernten Jugendlichen war leider bei der Werkschule, von der die entsprechenden Angaben bei den Lehrlingen entnommen wurden[303]), noch nicht völlig durchgeführt, so daß die Zahlen hierfür nicht zur Verfügung stehen.

Das Verhältnis zum Arbeitgeber ist äußerst lose, meist kann es ohne weiteres von beiden Seiten gelöst werden. Irgendwelche Vorschriften, den jungen Arbeiter aus erzieherischen Gründen zu veranlassen, längere Zeit an ein und derselben Arbeitsstätte zu bleiben, wurden nirgends gefunden.

Unterricht. Der Natur der Sache nach fällt eine praktische Ausbildung für den ungelernten Arbeiter aus, da er sich gerade hierin von dem Lehrling unterscheidet. Es ist zwar ein Unterschied, ob auch ein Ungelernter mit Überlegung arbeitet oder nicht, doch wird hier alles leider noch den guten Ratschlägen der älteren Kameraden und dem eigenen Beobachtungs- und Nachdenkungsvermögen überlassen.

Bei der schulmäßigen Unterweisung erhebt sich die Frage, soll der Ungelernte zum Besuch der Fortbildungsschule gezwungen werden oder nicht? Die Meinungen hierüber sind geteilt. An manchen Stellen besteht ein Zwang zum Besuch der Fortbildungsschule oder Werkschule, an anderer Stelle verzichtet man darauf und überläßt die jungen Leute nach dem Verlassen der Volksschule sich selbst. Von den 23 Werkschulen der mechanischen Industrie unterrichten vier die ungelernten Arbeiter mit, 19 unterlassen es[304]). Wie viele

303) Thyssen.

304) Free, a. a. O., 1912, S. 185.

von diesen 19 ihre Ungelernten in die Allgemeine Fortbildungsschule schicken, ist hierbei nicht gesagt.

Von der theoretischen Ausbildung der Leute, die keine Lehre durchmachen, wird mitunter sogar abgeraten, da sie widerwillig am Unterricht teilnehmen und infolge ihrer Unaufmerksamkeit keinen Nutzen davon haben[305]). Vor allem gilt dies für Ausländer, die infolge mangelnder Kenntnis der deutschen Sprache dem Unterricht nicht folgen können.

Bei der Einführung des Schulzwanges ist zunächst zu bedenken, daß er nur für ein größeres Gebiet eingeführt werden kann. Bei Lehrlingen ist ein theoretischer Schulunterricht ohne weiteres begreiflich. Bei den Ungelernten jedoch wird der Zwang, die Schule zu besuchen, falls er etwa nur in einer Stadt besteht, eine Abwanderung der Arbeitskräfte in die Umgegend zur Folge haben. Hierbei ist vor allem an die Verhältnisse im rheinisch-westfälischen Industriegebiet gedacht, wo wegen der zahlreichen Verkehrsmöglichkeiten der Junge bei seinen Eltern wohnt und im nächsten oder übernächsten Ort arbeitet.

Daß aber andererseits bei den jungen Leuten oft auch ein außerordentliches Bedürfnis nach Unterricht besteht, wird nicht bestritten. In Kiel sollte zunächst ein freiwilliger Unterricht für die ungelernten Arbeiter eingerichtet werden. Da allgemein angenommen wurde, daß das Material dieser Schüler sehr schlecht sei und widerwillig gelernt werde, hatte man zunächst Schwierigkeiten, Lehrer für diesen freiwilligen Unterricht zu finden. Es stellte sich aber im Laufe der Zeit heraus, daß der Eifer in diesen Klassen sehr groß war, so daß der Unterricht guten Erfolg hatte und den Herren, die ihn erteilten, viel Freude bereitete. Es handelt sich hierbei zumeist um Leute, die gern eine Lehre durchgemacht hätten, aber aufs Geldverdienen angewiesen waren. Die zahlreichen Klassen für freiwillige Schüler[306]), die sich an Fortbildungsschulen finden und einen regen Besuch aufweisen, werden in der Hauptsache von ungelernten Jugendlichen aufgesucht.

Von seiten der Arbeitgeber wird vielfach ungern gesehen, wenn die Schulstunden in die Arbeitszeit fallen. Man sträubt sich von dieser Seite deshalb gegen den Schulzwang für Ungelernte[307]), da in diesem Falle der Arbeitgeber eine Einbuße an Arbeitskraft hat. Wird dagegen der Unterricht abends nach Werkstattschluß abgehalten, so

---

[305]) Free, a. a. O., 1912, S. 149.

[306]) Gemeinsamer Jahresbericht der rheinisch-westfälischen Industriebezirke 1914.

[307]) Dominikus, a. a. O., 1913, S. 26.

ist die Gefahr groß, daß die Jungen müde sind und nicht aufpassen. Trotzdem aber wird, um Widerstände auszuschalten, als Übergang empfohlen, sich nach der Werkstatt zu richten und die Stunden auf den Abend zu legen. Zweckmäßig ist auch die Benutzung der freien Samstagnachmittage zu diesem Zweck.

Die Tendenz geht dahin, auch für Ungelernte die Schulpflicht einzuführen, und auch hier wieder die Vormittagstunden zu benutzen. Da diese Leute des Rückhaltes, den die geordnete Lehre bietet, entbehren müssen, ist besondere Sorgfalt auf sie zu verwenden.

In der Schule empfiehlt sich eine scharfe Trennung der Lehrlinge von den ungelernten jungen Arbeitern. Von den beiden vorhandenen Möglichkeiten, daß der Lehrling heilsam auf den Hilfsarbeiter oder dieser nachteilig auf jenen einwirke, ist die zweite wahrscheinlicher und wegen ihrer großen Gefährlichkeit unter allen Umständen zu vermeiden. Der jugendliche Hilfsarbeiter wechselt seine Arbeitsstätte, wann und so oft er will, während der Lehrling während seiner ganzen Lehrzeit im selben Werk bleibt. Der Wunsch, diesen häufigen Wechsel nach Beendigung der Lehrzeit mitzumachen, darf wegen seines Nachteiles für den Lehrling und seine Ausbildung nicht aufkommen; zudem wird der Hilfsarbeiter höher entlohnt als sein in der Lehre stehender Altersgenosse, und dies könnte bei dauerndem gemeinsamen Unterricht diesen veranlassen, die Lehre aufzugeben, um sich auch hohe Verdienstmöglichkeiten zu schaffen. Dieser Nachteil ist vor allem im Kriege sehr deutlich in die Erscheinung getreten. Bei Trennung der Klassen aber wird der Lehrling sich stets bewußt sein, daß diese augenblicklich geringere Bezahlung durch andere Sachen, z. B. besseren Unterricht, ausgeglichen wird.

Dazu kommt, daß der Zweck der Schule bei den beiden Gruppen doch verschiedener Art ist, da der Lehrling in erster Linie berufskundliches Wissen und Können sich aneignen muß, was beim ungelernten Arbeiter wegfällt; dessen Lehrplan dürfte sich mehr auf allgemeine Fächer beschränken, obwohl auch hier immer Anlehnung an die beruflichen Verhältnisse, etwa die im Werk, zu suchen ist. Es wird sogar gewarnt[308]), in der Ausbildung der ungelernten Arbeiter zu weit zu gehen, da wir in Deutschland für die Maschinenindustrie eine gewisse Zahl ungelernter Arbeiter unbedingt nötig haben und diese bei falschem Unterricht der Leute in andere Berufe eintreten.

Heute schon müßten wegen zu geringem Angebot zum Teil derart hohe Löhne an Ungelernte gezahlt werden, daß sie bisweilen mehr als hochwertige Facharbeiter verdienen. Bei zu weitgehender Aus-

---

[308]) Frölich, a. a. O., 1912, S. 211.

bildung würde sich niemand für die niedrigen Arbeiten finden. Doch scheint diese Sorge übertrieben zu sein.

Auf der anderen Seite wird wiederum[309]) empfohlen, den Unterricht der Ungelernten so auszugestalten, daß ihnen die Möglichkeit jederzeit offen bleibt, doch noch in eine geordnete Lehre einzutreten. Nicht die Schlechtesten werden diese Möglichkeit, von der in der Tat Gebrauch gemacht wird, ausnutzen, und da sie in höherem Alter eintreten, werden sie stets, da sie gereifter sind, vor ihren jüngeren Kameraden etwas voraus haben.

Die Hauptunterrichtsfächer für Ungelernte sind: Deutsch, Rechnen und Bürgerkunde. Zu erwägen wäre noch ein Unterricht in Handfertigkeiten nach dem Vorbilde Kerschensteiners[310]) in München, der den Jungen mancherlei Anregungen für ihre Berufe und die Mußestunden gibt und bei manchen Interesse für ein Handwerk oder einen anderen Beruf wecken kann[311]). Allerdings bestehen hiergegen Bedenken wegen der geringen Zeit, die für diese Leute zum Unterricht zur Verfügung steht.

Ein Abschluß des Unterrichts findet selten, höchstens durch eine kleine mündliche Prüfung statt. Als Disziplinmittel und Strafen stehen die in der Arbeitsordnung und Schulordnung vorgesehenen Strafen zur Verfügung. Die Jugendpflege richtet sich nach denselben Gesichtspunkten wie bei den Lehrlingen.

Sehr wichtig ist die Wahl der Lehrer bei den jugendlichen Hilfsarbeitern, denn von ihr hängt es ab, ob der Unterricht Erfolg haben soll oder nicht.

Ein Praktiker berichtet darüber[312]):

„Wir machen in der Fortbildungsschule die Erfahrung, daß tüchtig ausgebildete Lehrer, die in der gewerblichen Fortbildungsschule Ausgezeichnetes leisten, noch nicht in jedem Fall die gegebenen Lehrer für die Klassen der Ungelernten sind; das mag merkwürdig erscheinen, ist aber Tatsache; namentlich die Ungelernten zweiter und dritter Qualität wollen ganz besonders aufmerksam behandelt sein. Für sie gehören an erster Stelle Apostelnaturen, Jugendpflegernaturen. Es kommt nicht in erster Reihe darauf an, diese Jugend im Wissen außerordentlich vorwärts zu bringen, das verbietet sich

---

[309]) Deutscher Ausschuß für technisches Schulwesen, a. a. O., S. 250.

[310]) Kerschensteiner, Staatsbürgerliche Erziehung, S. 49, Jacob, Hauptsysteme der gewerblichen Fortbildungsschulen in Deutschland.

[311]) Die Lehrlinge erhalten in den Lehrlingsabteilungen genügend umfassende Ausbildung. Für sie erübrigt sich daher der praktische Zusatzunterricht, der (Jacob, a. a. O., S. 58) empfohlen wird.

[312]) Fünfter preußischer Fortbildungsschultag, 1913, S. 35.

schon von selbst infolge ihrer geringen Begabung, sondern darauf kommt es an, daß als Lehrer ein Mann vor ihnen steht, der ein warmes Herz hat, der sich in die harte Lage dieser Jugend hineinversetzen kann. Ein Mann von diesem Empfinden wird den Ungelernten mit geringerer Begabung, an die ich hier besonders denke, ein rechter Lehrer und ein guter Erzieher sein."

III. Angelernte Arbeiter.

Bedarf. Eine dritte Gruppe von Leuten, für die Nachwuchs herangebildet werden muß, sind die sog. angelernten Arbeiter; das sind Leute, die keine geordnete Lehre durchmachen, sondern nur eine Unterweisung in einem bestimmten Sonderfach erhalten. Sie ergänzen sich aus den Ungelernten und erhalten eine mehr oder weniger systematische Ausbildung von verschiedener Dauer. Meist handelt es sich hierbei um die Kenntnis von Werkzeugmaschinen. Wichtig ist, daß für die Tätigkeit ein bestimmtes Maß von Unterweisung notwendig ist, und daß ohne diesen Unterricht die Tätigkeit nicht ausgeübt werden kann. Ein Hilfsarbeiter, der dauernd Erde in einen Wagen schaufelt, übt auch eine sich dauernd wiederholende Beschäftigung aus, benötigt aber dazu keine Unterweisung, wohingegen ein Arbeiter, der z. B. ein oder mehrere Revolverdrehbänke bedient, ohne eine Anleitung nicht auskommt.

Der Beruf der angelernten Arbeiter ist als solcher schon seit längerer Zeit bekannt[313]). Ganz gewaltige Fortschritte sind in der Ausbildung dieser Gruppe während des Krieges gemacht worden, und die Fürsorge hat eine bestimmte systematische Behandlung erhalten. Man geht wohl nicht fehl mit der Behauptung, daß der Krieg die Klasse der Angelernten in ihrer ganzen Bedeutung für die gesamte deutsche Maschinenindustrie erst richtig offenbart und ihre Ausbildung sehr vervollkommnet hat.

An Arbeiten kommt vor allem die Bedienung der Werkzeugmaschinen wie Hobelbänke, Fräsmaschinen, Bohrmaschinen, Revolverdrehbänke und automatische Drehbänke in Frage. Im Kriege hat man auch angelernte Schlosser, Mechaniker und Dreher ausbilden müssen.

---

313) Deutscher Ausschuß für technisches Schulwesen, a. a. O., 1912, S. 301.

Der gewaltige Aufschwung in der Anwendung der Bearbeitungsmaschinen hatte dazu geführt, daß man den Beruf des Drehers wieder unterteilen mußte; während nun einige Firmen dies durch Einstellung regelrechter Lehrlinge für Fräsmaschinen usw. taten, die nur ein Jahr weniger lernen als die Dreher[314]), werden an anderer Stelle Hilfsmaschinenlehrlinge dafür verwendet[315]) oder man stellt überhaupt keine Lehrlinge dafür ein, sondern sucht mit angelernten Arbeitern auszukommen[316]). Im letzten Falle klagt man dann über zu geringes Arbeiterangebot und zum Teil durch eigene Schuld, da bei der in den meisten Fällen leider noch üblichen Art der Bedienung einer Maschine eine kurze Unterweisung wohl kaum genügt, sondern eine ordnungsmäßige Lehre notwendig ist.

Andererseits ist es verfehlt, dort, wo man mit Angelernten auskommen kann, die teure Ausbildung für eine Lehre von mehreren Jahren aufzuwenden, allerdings mit der Einschränkung, daß bei zu weit getriebenem Ersetzen von gelernten Arbeitern durch angelernte die Neigung, eine geordnete Lehre durchzumachen, unter das notwendige Maß nachlassen kann, da man bei der Tätigkeit als angelernter Arbeiter leichter und schneller zu größerem Verdienst kommt und sich doch aus der Masse der ungelernten Arbeiter heraushebt.

Zahlenmäßig läßt sich der Bedarf der deutschen Maschinenindustrie an angelernten Arbeitern noch nicht feststellen; die einzelnen Zweige haben einen verschiedenartig großen Bedarf, und dieser wechselt wieder je nach der Art der hergestellten Maschinen und der augenblicklichen Konjunktur in dem betreffenden Sondergebiet. Eine wichtige Rolle spielt außerdem die Arbeitsteilung und die Fabrikationsmethode in den einzelnen Werken. Betriebe, in denen eine Arbeitsteilung in großem Maße durchgeführt ist, werden viel angelernte und wenig gelernte Facharbeiter benötigen, während Fabriken, in denen die Arbeitsteilung noch nicht über ein gewisses Maß hinaus durchgeführt ist, von dem einzelnen Arbeiter ein größeres Allgemeinwissen verlangen müssen, weshalb der Bedarf an gelernten Arbeitern größer ist.

Vor dem Kriege hat man nur in seltenen Fällen Frauen angelernt; meist war das Angebot von Männern groß genug, um nicht auf das andere Geschlecht übergreifen zu müssen. Eine Ausnahme bildeten die Kernmacher, bei denen man schon seit längerer Zeit, da sich nicht genügend Lehrlinge meldeten, für leichtere, immer wiederkehrende Arbeiten Frauen beschäftigte[317]). In größerem Maße ist man während des Krieges dazu übergegangen, auch weibliche

[314]) Löwe, a. a. O., S. 5.
[315]) Altenrath, a. a. O., 1912, S. 174.
[316]) Deutscher Ausschuß für technisches Schulwesen, 1912, S. 280.
[317]) Brandt, a. a. O., 1912, S. 113.

angelernte Arbeitskräfte zu verwenden, da die Männer für das Heer freigemacht werden mußten. Allerdings war es bisweilen notwendig, die Frauen durch Arbeiter, die z. B. das Einstellen der Werkzeuge besorgten, unterstützen zu lassen[318]), wobei auf vier bis sechs Frauen ein sog. Einsteller kam. In anderen Fällen[319]) besorgen auch diese Tätigkeit die Frauen selbst. Es hängt dies eben von dem jeweiligen Grad der praktischen Ausbildung ab.

Auswahl. Die Auswahl erfolgt unter den Hilfsarbeitern und Arbeiterinnen des betreffenden Werkes teils auf eigene Meldung hin, teils nach Gutachten durch den Meister und die Betriebsleitung. So werden die Fähigsten und Fleißigsten ausgesucht.

Dem Alter nach kommen die verschiedensten Leute unter dieser Gruppe zusammen; doch wird man zu alte und zu junge Männer sowohl als Frauen vermeiden. Für Frauen wird als das beste Alter 18 bis 25 angegeben[320]), da jüngere noch zu kindisch, ältere aber zu ungeduldig seien, Gründe, die auch bei Männern für dasselbe Alter sprechen. Bei diesen allerdings findet man auch eine Auswahl der Tüchtigsten und Fleißigsten schon unter den ungelernten Schülern der Werkschulen, die dann zu angelernten Arbeitern herangebildet werden, später vielleicht sogar in eine geordnete Lehre übertreten. Für Frauen wird noch angegeben[321]), daß zwischen Verheirateten und Unverheirateten kein Unterschied zu bemerken war, daß sich aber Dienst- und Zimmermädchen am schnellsten einarbeiteten, während Landarbeiterinnen zu schwerfällig, solche aus der Industrie zu unaufmerksam waren.

Um einigermaßen einen Erfolg und Nutzen für die aufgewendeten Kosten zu haben, findet man die Regelung, daß auf Grund eines Vertrages die Tätigkeit einige Zeit vom Beginn des Unterrichts an ausgeübt werden muß.

Ausbildung. Die Ausbildung der angelernten Arbeiter erfolgte vor dem Kriege ausschließlich in der Werkstatt unmittelbar an den betreffenden Maschinen, die bedient werden sollten. Die Zeit, die auf die Anlernung verwendet wurde, richtete sich ganz nach den persönlichen Eigenschaften des Lernenden. Die Ausbildung dauerte so lange, bis dieser alles begriffen hatte.

Je nach den Anforderungen, die an den Schüler gestellt werden, gibt es verschiedene Möglichkeiten, entweder wird nur eine Teil-

---

[318]) Schuricht, Verwendung und Ausbildung weiblicher Hilfskräfte, mitg. im Erfahrungsaustausch über Ausbildung von Arbeitskräften und zeitgemäße Betriebsführung, 1918, Nr. 13, S. 1.

[319]) Bosch.

[320]) Schuricht, a. a. O., S. 7.

[321]) Schuricht, a. a. O., S. 8.

operation beigebracht, und zwar unmittelbar am Arbeitsplatz, oder mehrere verwandte Einzeloperationen müssen ebenfalls unmittelbar an der Maschine gelernt werden; es werden auch verschiedene Teilarbeiten von einer Person an demselben Werkstück ausgeführt, wobei als vollkommenste Art getrennte Unterrichtswerkstätten bestehen, in die diejenigen gesandt werden, die schon eine der vorhergehenden Stufen beherrschen. Im Kriege ist, da der Bedarf an gelerntem Personal gewaltig stieg und die Einzelausbildung deshalb zu kostspielig und zeitraubend gewesen wäre, das System der Anlernewerkstätten sehr stark und mit gutem Erfolg ausgebildet worden.

Der durchschnittliche Aufenthalt in der Lernabteilung ist vier bis fünf Wochen[322]). Eine Firma[323]) hat einen Kursus von acht Wochen eingerichtet. Die ersten fünf Wochen wird gemeinsam Unterricht erteilt, in den beiden folgenden das notwendige Sonderwissen vermittelt, die letzte Woche durch Wiederholungen und Prüfungen ausgefüllt. In $1^3/_4$ Jahren wurden 360 Arbeiterinnen der Werkstatt überwiesen, 36 mußten als unbrauchbar während der Ausbildung oder bei der Prüfung ausscheiden. In einem anderen Falle[324]) werden immer 13 Leute $6^1/_2$ Woche lang ausgebildet, der Unterricht ist dabei theoretisch und praktisch. In einem dritten Falle[325]) findet nur 15 Wochenstunden sechs Wochen lang theoretische Ausbildung statt, während die praktische Ausbildung am Arbeitsplatz selbst erfolgt. Auch nach erfolgter Ausbildung darf die Anlernwerkstatt ihre ehemaligen Zöglinge nicht aus dem Auge verlieren. Der Rat, sich in Zweifelsfällen stets an den Lehrmeister zu wenden, hat späterhin nach erfolgtem Übertritt in die Betriebswerkstätte auch gute Erfolge gezeitigt[326]). Als Unterrichtsfächer werden angegeben[327]):

Rohstoffe,
Messen,
Lesen der Zeichnungen,
Einfache Berechnungen,
Drehen für Dreher,
Fräsen für Fräser,
Schleifen für Schleifer,
Bohren für Bohrer,
Hobeln für Hobler.

Vor allem werden Meßwerkzeuge erklärt und Messungen geübt werden müssen. Eine Firma[328]) hat für ihre Anlernewerkstätte ein

---

[322]) Tiessen, Anlernen weiblicher Arbeitskräfte zu Hilfsschlosserinnen bei der Firma Hasse & Wrede, Berlin, Erfahrungsaustausch, Nr. 13, S. 11f.

[323]) Bosch, Vortrag vom 15. Juli 1918.

[324]) Löwe, a. a. O., S. 43.

[325]) Thyssen.

[326]) Wolfahrt, Die Heranbildung gelernter Arbeiterinnen bei der Firma R. Bosch, Stuttgart, Sonderabdruck der Zeitschrift des Vereins deutscher Ingenieure, S. 6.

[327]) Löwe, a. a. O., S. 43 f.

[328]) Bosch.

außerordentlich instruktives Buch herausgegeben, das auf der einen Seite Text, auf der andern Seite Abbildungen enthält und so eingerichtet ist, daß man beide Teile jederzeit miteinander vergleichen kann. Es enthält alle notwendigen einfachen Angaben über Materialien, Handwerkszeuge und ihre Handhabung, Werkzeugmaschinen, Arbeitsvorgang zum Fertigmachen der Arbeitsstücke, Zusammenbau von Apparaten und Lesen von Werkstattzeichnungen.

Ohne Zusammenhang mit der Industrie finden sich auch gesonderte, im Kriege gegründete Anlernewerkstätten, namentlich zur Ausbildung von Kriegsbeschädigten. Es werden Leute ausgebildet und nach Ablauf einiger Wochen als fertige angelernte Arbeiter an die Industrie abgegeben[329]). Es können in einem Falle bei Doppelschicht gleichzeitig 120 Mann ausgebildet werden, die nach etwa vier Monaten ihre Ausbildung beendet haben. Ein wirtschaftliches Arbeiten dieser Werkstätten wird als ausgeschlossen erklärt, da stets neue Kräfte angelernt werden müssen und infolge falscher Bedienung der Maschinen und Werkzeuge häufige Reparaturen und ein größeres Aufsichtspersonal notwendig ist.

Die Verwendung angelernter Arbeiter ist ein gutes Mittel, durch eine geringe Ausbildung eine große Anzahl aus der Masse der Ungelernten herauszuheben und höher bezahlt zu machen, während sich gleichzeitig bei Anwendung geschickter Arbeitsmethoden die Herstellungskosten herabsetzen lassen.

Von Interesse ist, daß bei einer Firma[330]) die Frauen später den Wunsch aussprachen, von weiteren Kursen abzusehen, da sie den Männern die Gelegenheiten zum Erwerb nicht verringern wollten, ein Grund, der im Kriege völlig hinfällig war.

IV. Meister (Vorarbeiter).

Bedarf. Die Möglichkeiten für den Facharbeiter, sich weiter auszubilden, sind bei den einzelnen Firmen verschieden; manche überlassen es dem eigenen Ermessen und der Energie der Leute, weiterhin für sich selbst zu sorgen, andere haben Kurse in fremden Sprachen, Stenographie, Algebra, Geometrie, Fachkunde und Zeich-

[329]) Grunewald, Anlernen von Arbeitskräften für die Kriegsindustrie in den Lehrfabrikbetrieben der Königl. Maschinenbauschule in Essen, mitg. im Erfahrungsaustausch, Nr. 9, S. 1.

[330]) Thyssen.

nen[331]) eingerichtet. Auch an den öffentlichen Fortbildungsschulen finden sich Stunden, die für ausgelernte Leute abgehalten und eifrig benutzt werden. Zu überlegen ist hierbei, ob man auf regelmäßigen Besuch dringen, und bei häufigem unentschuldigten Fehlen Ausschluß erfolgen lassen soll; durchführbar ist dies nur bei kostenlos erteilten Vorträgen. An anderer Stelle werden bei mehreren Firmen auch nicht mehr schulpflichtige Arbeiter zum Besuch der Werkschule zugelassen. Bei einer Firma ist sogar der Wunsch der Arbeiter hierzu der Grund zur Gründung einer Werkschule gewesen[332]). Die Abhaltung dieser Kurse nur für ehemalige Schüler der Werkschule erscheint unzweckmäßig mit Hinsicht darauf, daß oft gerade die tüchtigsten Leute von auswärts einwandern. Die Weiterbildung ist schulmäßig und erstreckt sich fast immer gleichzeitig auf berufliche und allgemeine Fächer.

Auch an Fachschulen mit Werkstättenbetrieb[333]) bestehen Fortbildungskurse für Arbeiter, die viel Anklang finden und guten Erfolg haben.

Doch findet sich eine weitere Vorbildung der ausgelernten Facharbeiter nur zur allgemeinen Weiterbildung selten; meist, man kann wohl sagen immer, ist damit die Absicht verbunden, sich zum Vorarbeiter und Meister empor zu arbeiten. Manchmal setzt diese Absicht schon früh, noch während der Lehrzeit ein, und geht teils von den Lehrlingen oder deren Eltern, teils vom Arbeitgeber aus[334]). Doch denkt man bei frühzeitiger Ausbildung hier oft nur zunächst an die Heranbildung guter Monteure oder man erblickt hier ein Mittel, die Leute an die Firma zu fesseln[335]).

In dem Begriff Meister ist hier und im folgenden sämtliches Aufsichtspersonal zusammengefaßt, das sich aus der großen Gruppe der Facharbeiter ergänzt. Die Bezeichnungen, ob Vorarbeiter, Meister, Hilfsmeister oder Obermeister, sind außerordentlich verschieden und gehen durcheinander.

Der Bedarf ist zahlenmäßig nicht festzuhalten, da die Organisationen der einzelnen Werke zu verschieden sind. Im Verhältnis zur Zahl der Facharbeiter hat das eine Werk viel, das andere wenig Meister. Außerdem ist auch zu berücksichtigen, daß auch in anderen Industrien, die keine Lehrlinge hierfür ausbilden, Meister für die in der Maschinenindustrie gelehrten Berufe benötigt werden, und

---

[331]) Thyssen.

[332]) Free, a. a. O., S. 151.

[333]) Götte, a. a. O., 1912, S. 48.

[334]) Free, a. a. O., S. 136. Deutscher Ausschuß für technisches Schulwesen, a. a. O., 1912, S. 269.

[335]) Matschoß, a. a. O., 1919, S. 7.

daß diese aus den Facharbeitern der Maschinenfabriken ergänzt werden müssen.

Von den in der Maschinenindustrie hier vorhandenen Berufen kommen für die Meisterausbildung alle in Frage, wenn auch in verschiedener Stärke; am meisten müssen aus der Gruppe der Schlosser hervorgehen, da von ihnen auch die Maschinenmeister usw. in den anderen Industriezweigen gestellt werden müssen.

Auswahl. Dem Alter nach wird man zu alte und zu junge Leute vermeiden, zu junge haben manchmal Schwierigkeiten, sich den nötigen Respekt zu verschaffen, zu alte sind mitunter geistig nicht beweglich genug. Bestimmte Richtlinien lassen sich nicht aufstellen, es kommt alles auf die einzelne Person an. An einer Schule[336]) sind die Meisterschüler 25 bis 35 Jahre alt, doch wird von anderer Seite[337]) auch ein höheres Alter genannt, sogar 40 Jahre und darüber sollen vorkommen[338]).

In bezug auf die Eigenschaften dieser Leute, die zu Aufsichtspersonal ausgebildet werden sollen, ist zu sagen, daß man zunächst auf tüchtige Fachkenntnisse wird Wert legen müssen, doch auch die allgemeine Auffassungsgabe, der Charakter, das persönliche Auftreten sind maßgebend. Leute, die in Fachschulen mit Werkstättenbetrieb ihre Ausbildung genossen haben, tun gut, sich erst einige Jahre in einer Fabrik praktisch zu betätigen, ehe sie daran denken, auf die Erlangung einer Meisterstelle zuzusteuern. Eine wesentliche Vorbedingung für die Ausbildung guter Meister ist, daß sie eine sachgemäße, vorzügliche Ausbildung zum Facharbeiter genossen haben. Einzelangaben lassen sich hierüber nicht machen. Fraglich ist, ob und nach welchen Gesichtspunkten bei den sich freiwillig meldenden und auf eigene Kosten lernenden Anwärtern eine Auswahl getroffen werden soll.

Mit Vorliebe greift man dazu, Leute des eigenen Betriebes ausbilden zu lassen, allerdings mit der Einschränkung, daß man sie nicht gern ihren früheren unmittelbaren Arbeitskollegen nunmehr als Vorgesetzte gibt; man versetzt sie in eine andere Werkstatt, bei großen Firmen auch in ein anderes Werk. Aus diesen Gründen der Disziplin kommt es wohl auch vor, daß nur aus fremden Betrieben stammende Leute als Meister eingestellt werden.

Ausbildung. Die Ausbildung kann auf verschiedene Art geschehen. Der Fall, daß man auf eine Unterweisung überhaupt ver-

[336]) Deutscher Ausschuß für technisches Schulwesen, 1912, S. 96.

[337]) Romberg, Die Weiterbildung des industriellen Facharbeiters, mitg. in Abhandl. usw., Bd. 3, 1912, S. 71.

[338]) Deutscher Ausschuß für technisches Schulwesen, a. a. O., S. 296.

zichtet, sondern einfach bewährte Facharbeiter zu Meistern bestellt, wird immer seltener, da die Anforderungen, die an die Leute dieser Gruppe gestellt werden, sehr hoch sind und im Laufe der Zeit noch mehr steigen werden; sie können mit Hilfe eines klaren Kopfes allein nicht gelöst werden, es gehört eine Menge positives Spezialwissen dazu.

Um dieses Wissen beizubringen, kann man entweder zu Abend- und Sonntagskursen greifen und so eine Unterbrechung der beruflichen Tätigkeit vermeiden, oder man hält ganztägigen Schulunterricht ab. Die Verlegung der Stunden auf die Abende und Sonntagvormittage ist sehr häufig; vor allem tritt sie dort auf, wo die Teilnehmer die Kosten aus eigener Tasche bezahlen müssen, da nur wenige es sich leisten können, mehrere Monate oder Jahre auf den Verdienst zu verzichten. Fast alle höheren und mittleren[339]), ja sogar die niedrigsten Fachschulen, nämlich die für Lehrlinge[340]), haben solche Meisterkurse eingerichtet; jedoch ist diese Möglichkeit des Besuches eines Unterrichts nur den Facharbeitern gegeben, die an Orten tätig sind, an denen sich solche Schulen befinden. Auch bei den privaten und staatlichen Werkschulen findet sich die Möglichkeit für Facharbeiter, sich zum Meister auszubilden[341]), mit dem Vorteil, daß der Unterricht zum Teil in die Arbeitszeit fällt, was eine Vermehrung der wöchentlichen Stundenzahl und eine Verkürzung der Ausbildungsdauer zur Folge hat. Die übrigen Vorzüge der Werkschule, insbesondere der Zusammenhang von Betrieb und Schule, von Lehrer und Schüler sind hier ebenso vorhanden, wie dies oben bei der Lehrlingsausbildung ausgeführt wurde.

Eine Frage ist nun, ob die Teilnehmer am Unterricht abends nach Werkstattschluß noch frisch genug sind, um einen Nutzen davon zu haben. Die Meldungen der Leute sind im allgemeinen zahlreich[342]), in einigen Fällen aber auch sehr mangelhaft[343]). Da die Schüler in einem höheren Alter stehen als die Lehrlinge und körperlich völlig ausgebildet sind, sollte man annehmen, daß sie dem Abendunterricht gut folgen können, und tatsächlich werden günstige Resultate von verschiedener Seite berichtet[344]). Man steht sogar teilweise auf dem Standpunkt, daß hierdurch eine gute Auswahl der

---

339) Romberg, a. a. O., S. 69 f.

340) Götte, a. a. O., 1912, S. 58.

341) Deutscher Ausschuß für technisches Schulwesen, a. a. O., 1912, S. 269 f.

342) Romberg, a. a. O., S. 70. Deutscher Ausschuß für technisches Schulwesen, a. a. O., 1912, S. 96.

343) Sulzer, a. a. O., 1911, S. 246.

344) Deutscher Ausschuß für technisches Schulwesen, a. a. O., 1912. S. 96 und 270.

Besten getroffen werde, denn wer nicht die Energie aufbringe, abends nach Werkstattschluß noch aufzupassen, solle lieber ausscheiden und Facharbeiter bleiben, die Ausbildung zum Meister aber Tüchtigeren überlassen[345]).

Die andere Art der Unterweisung erfolgt mit Unterbrechung des Berufes und durch Teilnahme an Tageskursen über eine kürzere oder längere Zeit; meist ist die Dauer von vornherein festgesetzt. Das Ergebnis der erfolgreichen Teilnahme wird durch eine Prüfung, die sich übrigens auch bei den Abendkursen findet, festgestellt. Reine Werkmeisterschulen gibt es noch in Bayern, und zwar in Nürnberg[346]). Der Kursus dauert zwei Semester, wird zahlreich besucht, seine Erfolge werden gerühmt. In Preußen bestanden früher ähnliche Anstalten, sie mußten aber wegen Mangel an Beteiligung eingehen[347]). Hier stehen als Ersatz dafür die Meisterkurse an den Maschinenbauschulen und ähnlichen Anstalten zur Verfügung, die schon deshalb immer ausreichend besucht werden, weil staatliche Betriebe großen Wert darauf legen, ihre Meister aus den Teilnehmern an diesem Unterricht zu ergänzen. In[348]) Frankfurt a. M. mußte die Werkmeisterschule wegen zu geringen Besuches geschlossen werden, während die Abendkurse im Anschluß an die Gewerbeschule sehr viel benutzt wurden.

Einige Werke gehen auch so vor, daß sie besonders tüchtige Arbeiter für Kurse an Maschinenbauschulen auswählen und die Schulkosten tragen, ebenso aber auch den Arbeitern die nötigen Mittel zum Leben zur Verfügung stellen. Voraussetzung dabei ist, daß der künftige Meister durch einen Vertrag verpflichtet ist, längere Zeit nach Abschluß der Schule noch bei der Firma zu bleiben. Diese Art wird im Laufe der Zeit noch viel Verbreitung finden und finden müssen. Der Tageskursus bietet den Vorteil, daß die Gefahr einer Ermüdung der Teilnehmer ausgeschlossen ist, daß der Unterricht sich nicht über viele Jahre hinzieht, daß sich der Lernende während dieser Zeit, da er nicht durch berufliche Tätigkeit abgelenkt wird, viel mehr auf den Gegenstand seines Studiums konzentrieren kann.

Die Ausbildung ist meist theoretisch, da die notwendigen praktischen Kenntnisse in der Lehre und während der Tätigkeit als Facharbeiter erworben worden sind, in den meisten Fällen sogar die

---

345) Romberg, a. a. O., S. 72.

346) Deutscher Ausschuß für technisches Schulwesen, a. a. O., 1912, S. 95.

347) Deutscher Ausschuß für technisches Schulwesen, a. a. O., 1912, S. 96.

348) Deutscher Ausschuß für technisches Schulwesen, a. a. O., 1912, S. 97.

Voraussetzung zur Ausbildung als Meister darstellen. Neuerdings wird aber auch empfohlen, und sehr mit Recht, wegen der hochentwickelten Werkstättentechnik und wegen der raschen Fortschritte, die diese Entwicklung macht, auch nach der praktischen Seite hin Ergänzungskurse abzuhalten[349]). Hier ergibt sich ein Vorteil für die Maschinenbauschulen, da ihnen in ihren Laboratorien solche Unterrichtsmittel in ausreichendem Maße zur Verfügung stehen. Die Möglichkeit[350]), in diesen Werkstätten auch Zeiten aufzustellen, die zur Feststellung von Akkordlohn dienen könnten, ist in Erwägung zu ziehen, wenn auch andere Stellen geeigneter hierfür sind.

Bei der Wahl des Unterrichtsstoffes muß man sich hüten, die Anforderungen zu hoch zu stellen, eine Gefahr, die zwar schon für die Lehrlingsausbildung besteht und, — man braucht nur die Lehrbücher für Werkschulen zu betrachten — selten richtig erkannt wird, bei Meistern aber ganz besonders naheliegt. Eine Firma berichtet über ihre Erfahrungen in diesem Punkte[351]):

„Man hat den Bildungsstand und das Fassungsvermögen des Arbeiters doch zu hoch eingeschätzt; wir haben uns dadurch nicht abschrecken lassen; wir haben in diesem Winter von vorne angefangen, aber wir sind in der Auswahl des Lehrstoffes eine Stufe oder, ich kann sogar sagen, ein ganzes Stockwerk heruntergestiegen."

Im einzelnen werden als Fächer, die für solche Kurse in Frage kommen, genannt[352]):

Deutsch,
Rechnen und verwandte Gebiete,
Mechanik und Festigkeitslehre,
Technologie,
Kalkulation,
Gewerbliche Buchführung,
Werkstattstechnik und moderne Arbeitsmethoden,
Staatskunde,
Soziale und gewerbliche Gesetzgebung.

Dazu[353]) tritt soviel Zeichnen, daß Zeichnungen ohne weiteres gelesen und einfache Skizzen selbst angefertigt werden können. Ein Zuviel

---

349) Lippart, a. a. O., 1918, S. 6. Lippart, a. a. O., 1919, S. 10. Wagner: Die Weiterbildung der Facharbeiten im Maschinenbau, Leipzig 1919, S. 113.

350) Wagner, a. a. O., 1919, S. 114.

351) Deutscher Ausschuß für technisches Schulwesen, a. a. O. 1912, S. 268.

352) Deutscher Ausschuß für technisches Schulwesen, a. a. O., 1912, S. 96.

353) Romberg, a. a. O., S. 70. Jurthe, a. a. O., S. 75. Löwe, a. a. O., S. 43.

an Zeichenunterricht trägt die Gefahr in sich, daß die Leute späterhin auf die technischen Büros gehen wollen, vor allem dann, wenn sie nicht sofort eine Stelle als Meister bekommen, sondern noch kurze Zeit als Facharbeiter tätig sein sollen. Als zweckmäßig wird sich erweisen, den Meister so auszubilden, daß er einen etwas größeren Überblick über den Werkstattbetrieb bekommt, was unter allen Umständen für seine Tätigkeit als Aufsichtsorgan von Vorteil ist.

Wie weit bei den einzelnen Firmen die Meister, vor allem die auf Kosten des Werkes ausgebildeten, bei ihrer Arbeitsstätte bleiben, entzieht sich der Kenntnis.

Doch auch die Meister dürfen sich nicht mit dem, was sie nach Erledigung ihrer Schule wissen, begnügen; auch sie müssen sich weiter bilden. Hier bietet sich neben ausreichender Bezahlung ein Mittel, die Leute zu halten. Es gilt, ihr Interesse wachzuhalten, und durch Vorträge über berufliche und allgemeine Fragen, durch Halten von guten Fachzeitschriften ihre Kenntnisse zu erweitern. So wird sich die Tätigkeit der Meister immer ersprießlicher gestalten und für diese stets interessant bleiben.

V. Entwicklungsmöglichkeiten.

Facharbeiter oder Angelernte? Bei der Betrachtung der Entwicklung, die die Fürsorge für den Arbeiternachwuchs in der deutschen Maschinenindustrie in der nächsten Zeit nehmen wird, ergibt sich zunächst die Frage: Für welche Arbeitergruppe muß in erster Linie gesorgt werden?

Hier gibt es zwei Möglichkeiten. Entweder kommen die gelernten Facharbeiter oder die angelernten Arbeiter in Betracht. Maßgebend hierfür ist zunächst die Richtung, in der sich die Technik entwickelt, maßgebend ist die Arbeitsmethode, nach denen in den nächsten Jahren voraussichtlich in der deutschen Maschinenindustrie gearbeitet werden wird. Es ergibt sich zuerst die Tendenz, in zahlreichen Fällen, in denen früher die Arbeit von Menschenhand erledigt wurde, hierfür Maschinenarbeit eintreten lassen. In den verschiedenen Ländern tritt diese Entwicklungseinrichtung aus den verschiedensten Gründen auf, wenn auch der Enderfolg überall derselbe ist. Bahnbrechend ging hier Amerika vor, wo vor allem die Werkzeugmaschinen ausgebildet wurden, und zwar hauptsächlich deshalb, weil nicht genügend Menschen da waren, die die Arbeit hätten leisten können und die vorhandenen Menschen, da sie sich die Arbeit aussuchen konnten, die körperlich anstrengenden Tätigkeiten vermieden. Dabei zeigte sich, daß die Herstellungskosten durch Maschinenarbeit wesentlich verbilligt wurden, weshalb auch andere Länder dazu übergingen und dazu übergehen mußten, den Menschen durch die Maschine zu ersetzen. Es ist nun zu untersuchen, ob man infolge dieser Entwicklung hochwertige, gut ausgebildete Facharbeiter in geringerem Maße braucht, ob man vor allem mit angelernten Arbeitern auskommt und daher deren Ausbildung zuerst berücksichtigen und pflegen muß.

In Deutschland ist heute die Lage so, daß wir auf eine umfassende Lehrlingsbildung in der Maschinenindustrie Wert legen, daß wir die jungen Leute in allen möglichen Fächern und Berufen, die mit ihrem Hauptberufe in Beziehung stehen oder damit verwandt sind, ausbilden, damit der junge Mann später über ein gewisses großes Können verfügt und die verschiedenartigsten Aufgaben, die an ihn herantreten können, zu bewältigen imstande ist; er wird, wenn man so sagen darf, zum Universal-Facharbeiter ausgebildet. Nur wenige Leute, vor allem die Monteure und Meister, sind in der Lage, von diesem Universalwissen und Universalkönnen Gebrauch zu machen. Die meisten Leute wenden sich später bestimmten Sonderarbeiten zu, in denen sie sich besonders vervollkommnen, während ein Teil des früher Gelernten unbenutzt bleibt oder nur zum besseren Verständnis der Arbeit dient.

Der angelernte Arbeiter hingegen erhielt bis vor dem Kriege in kurzer Zeit die paar Handgriffe an der Maschine, die er bediente, erklärt und wurde dann sich selbst überlassen. In Amerika war man schon früher in der Ausbildung der angelernten Arbeiter bedeutend weiter als bei uns, doch wurde im Kriege unter dem Druck der Verhältnisse, als die gelernten Facharbeiter für das Feldheer frei gemacht werden mußten, auch bei uns auf die Verwendung und vor allem auf die Ausbildung dieser Leute mehr Gewicht gelegt, so daß manches in dieser Hinsicht früher Versäumte nachgeholt wurde. Es gilt, dem Arbeiter nur die eine ganz bestimmte Arbeit zuzuweisen und ihm die Handfertigkeit hierfür beizubringen. Er wiederholt dann Tag für Tag, Jahr für Jahr diese Tätigkeit.

Außer an die weitgehende Verwendung von Werkzeugmaschinen, insbesondere von selbsttätgen und für Spezialarbeiten eingerichteten ist die Tätigkeit des angelernten Arbeiters noch an eine weitgehende Arbeitsteilung gebunden. Nach der alten Art gibt man den Auftrag dem Meister, der dafür zu sorgen hat, daß die Herstellung richtig vorgenommen wird und rechtzeitig beendet ist; auch die Tätigkeit der Meister ist universal und so umfangreich, daß es ihm praktisch unmöglich ist, sich um alle ihm zugeschriebenen Obliegenheiten in dem Maße zu kümmern, wie es notwendig wäre, um die Verantwortung tatsächlich übernehmen zu können. Man verlangt von einem Meister, daß er ein hochwertiger Facharbeiter ist, daß er Zeichnungen lesen und einfache Skizzen anfertigen kann, daß er gut zu disponieren vermag, daß er in der Lage ist, die Zeiten, die zur Bearbeitung eines Stückes notwendig sind, festzusetzen, so daß die Akkordlöhne genau und gerecht bestimmt werden können, er muß die Verantwortung dafür übernehmen, daß die ausgeführte Arbeit richtig ist und flott vonstatten geht, er muß für Ordnung sorgen und über alles in der Werkstatt orientiert sein; er muß schließlich ein energischer und gerechter Vorgesetzter sein und diese Tätigkeit so ausüben, daß die Untergebenen die nötige Achtung vor ihm haben. Die Tätigkeit des Facharbeiters ist ähnlich universal; ihm wird die Arbeit übergeben vom Meister; es wird ihm oft sogar überlassen, welche Art der Bearbeitung er wählt, ob er ein Stück hobeln oder fräsen lassen will. Die Art der Aufspannung auf die Werkzeugmaschine wird ihm völlig freigestellt und selten kontrolliert. Der Meister, mit zu viel verantwortlichen Sachen belästigt, wälzt einen Teil dieser Verantwortung und Arbeit naturgemäß auf den Arbeiter ab. Die Folge davon ist, daß dieser Mann seine Handfertigkeit, die er gelernt hat und die seinen eigentlichen Beruf darstellt, nur während eines Teiles seiner Arbeitszeit anwenden kann, im übrigen aber Arbeitsreihenfolge und Arten der Bearbeitung überlegen oder Handlangerdienste ausführen muß.

Diese Nachteile erkannt und die Mittel für ihre Beseitigung ausfindig gemacht zu haben, ist das große Verdienst Taylors. Die von ihm aufgestellten Prinzipien sind zu bekannt, als daß eine weitgehende Ausführung hier notwendig wäre. Er ist dazu übergegangen, das Unmaß von verantwortungsvoller Tätigkeit, das man einem einzelnen Manne aufgeladen hatte, zu beseitigen, und ihm nur soviel zu lassen, daß er die Arbeit wirklich so ausführen kann, um die Verantwortung zu tragen. Die Tätigkeit des Meisters teilte er in die des Vorrichtungsmeisters, des Geschwindigkeitsmeisters, des Prüfmeisters, des Instandhaltungsmeisters, die dauernd in der Werkstatt sind, und zu denen noch der Arbeitsverteiler, der Unterweisungsbeamte, der Zeit- und Kostenbeamte, sowie der Aufsichtsbeamte[354]) treten. So hat ein jeder seine bestimmte abgegrenzte Tätigkeit, der er seine ganze Kraft widmen kann.

In ähnlicher Weise sind nun die Verhältnisse bei den Facharbeitern zu regeln. Ein großer Teil der nach der alten Art von

---

[354]) Taylor-Wallichs, Die Betriebsleitung, S. 48.

ihm auszuführenden Tätigkeit, z. B. die Festsetzung der Geschwindigkeit der Maschine oder der Aufspannvorrichtungen wird jetzt vom Aufsichtspersonal besorgt. Er bekommt das Werkstück an seinen Arbeitsplatz, findet Maschine und Werkzeuge in bester Ordnung und hat seine ganze Aufmerksamkeit nur auf die ihm vorgeschriebene eng umrissene Teilarbeit zu richten. Zwischen den einzelnen Teiloperationen findet eine weitgehende Kontrolle der Arbeitsstücke statt, mit dem Vorteil, daß Fehler früher entdeckt, Arbeits- und Materialverluste deshalb geringer sind.

Eine jahrelange Unterweisung ist in den meisten Fällen für diese Tätigkeit gar nicht notwendig. Man kommt mit angelernten Leuten aus. Diese Notwendigkeit, nur mit angelernten Leuten arbeiten zu müssen, hat in vielen Fällen in Amerika und während des Krieges in Deutschland sogar den Anstoß zu weitgehender Arbeitsteilung gegeben und den Grundsätzen Taylors große Verbreitung gebracht. Ein Vorteil liegt auch darin, daß dieser Mann diese seine eine Tätigkeit bis zur künstlerischen Vollendung beherrschen lernt und so ist es zu erklären, daß trotz einer weniger gepflegten Ausbildung manche Berufe, z. B. Hobler und Fräser in Amerika höherstehen als im allgemeinen in Deutschland.

Es hat nunmehr den Anschein, als ob man auf die große Zahl der gelernten Facharbeiter verzichten und in der Hauptsache mit angelernten Leuten auskommen könne; das ist richtig insofern, als ein großer Teil der Arbeiten, zu denen früher Facharbeiter notwendig waren, von angelernten Arbeitern ausgeführt werden. Doch ist zu bedenken, daß diese eben nur ihre Teilarbeiten können, daß sie bei Neuerungen, bei Änderungen und ähnlichen Gelegenheiten eine Zusatzunterweisung erhalten müssen und bei irgendwelchen Störungen und Zwischenfällen der Hilfe bedürfen; dazu sind denn die Facharbeiter mit mehrjähriger Ausbildung da, die außerdem weit mehr als bisher Gelegenheit finden, eine überwachende und anordnende Tätigkeit auszuüben und in Stellen des Aufsichtspersonals, der Taylorschen „Funktionsmeister", aufzurücken; ohne die Handfertigkeit zu vernachlässigen, wird es ihnen jetzt mehr darauf ankommen, die verwickelten Werkzeugmaschinen zu verstehen, technisch zu denken und sich in technische Probleme leicht hineinzufinden. Nur die große Zahl hochwertiger, gut ausgebildeter Facharbeiter, Monteure und Aufsichtsorgane läßt die angelernten Leute und ihre Maschinen in ihrem ganzen großen Nutzen in die Erscheinung treten; man kommt ohne eine geordnete Lehre von mehreren Jahren tatsächlich nicht aus; eine Erfahrung, die man in Amerika in hohem Maße hat machen müssen und die dort zur Einführung einer regelrechten Lehrzeit für Industriearbeiter geführt hat.

Eine gewaltige Verschiebung findet also statt. Die grobe körperliche Tätigkeit der ungelernten Arbeiter, z. B. Transportarbeiten, wird vielfach durch Maschinen ausgeführt, aus den ungelernten Arbeitern hebt sich auf Grund einer verhältnismäßig kurzen Unterweisung die gewaltige Anzahl der angelernten Leute, die allerdings für Nebenarbeiten und Hilfsdienste nie völlig auf Ungelernte werden verzichten können. Die Facharbeiter mit guter, jahrelang dauernder Lehrzeit dagegen werden in Aufsichts- und Meisterstellen verwendet. Der Bedarf an Leuten, die gelernt haben, wird daher kaum viel geringer werden bei fortschreitender Verwendung der Taylorschen Grundsätze, zumal auch für einzelne andere Tätigkeiten, wie die der Monteure, stets eine mehrjährige Lehre notwendig bleiben wird. Hierzu kommt die gewaltige Steigerung der Gruppe der Angelernten, die aus der großen Masse der Ungelernten herausgehoben werden. Der zuerst auftretende nachteilige Einfluß einer weitgehenden Arbeitszerlegung dürfte sich, vor allem bei kürzerer Arbeitszeit, leicht kompensieren lassen. Er tritt auch vor allem dort auf, wo die Zerlegung in einige wenige mechanische Handgriffe stattfindet, nicht aber dort, wo mit der Teilung das Einarbeiten in das Verständnis einer verwickelten Werkzeugmaschine nötig wird. Hier wäre eher das Gegenteil zu erwarten. Damit übereinstimmen würde die Tatsache, daß Dreher[355]) die Arbeitsteilung als „anregend", Schlosser dagegen „als den Geist ermüdend und damit die Anstrengung vergrößernd" bezeichnen.

Ob nun rein zahlenmäßig in Zukunft die Zahl der gelernten Facharbeiter geringer sein wird als heute, kann mit Sicherheit noch nicht entschieden werden. Die Verhältnisse scheinen aber doch so zu liegen, daß vor allem eine gewaltige Steigerung der Zahl der angelernten Arbeiter und zwar der systematisch und gut ausgebildeten Angelernten eintreten wird. Bei den gelernten Facharbeitern wird die Zunahme aus den angeführten Gründen geringer sein. Für die gesamte Arbeiterschaft kann als Endergebnis eine Hebung, nicht eine Senkung des Niveaus mit Sicherheit erwartet werden, die ausgesprochenen Befürchtungen[356]) erscheinen nicht gerechtfertigt. Halt gemacht werden muß natürlich mit der übermäßig starken Einstellung ungelernter junger Leute, wie dies im Krieg notwendig war. Doch führt die Entwicklung von selbst dazu.

Hebung des Bildungsgrades. Eine zweite Frage, die aufgeworfen werden muß, ist die, wie die Ausbildung und damit der Bildungsgrad der Arbeiterschaft gehoben werden kann. Die früher

---

355) Sorer, a. a. O., 1909, S. 227.

356) Lippart, a. a. O., 1919, S. 10.

in der Industrie herrschende Gleichgültigkeit gegenüber dieser Frage hat in den letzten Jahren, angeregt durch Geheimrat Rieppel und den Deutschen Ausschuß für technisches Schulwesen, einem lebhaften Interesse Platz gemacht. Die Behauptung[357]), daß die technische Ausbildung in Deutschland von oben her einsetze, und daß die deutsche Industrie ihren Aufschwung der guten Schulung ihrer Führer verdanke, während der Arbeiter vernachlässigt worden sei, konnte früher mit Recht aufgestellt werden. Heute hat hier aber eine umfangreiche Änderung eingesetzt, die in den oben angeführten Zahlen zum Ausdruck kommt.

Der Zeitpunkt, an dem im Leben des einzelnen die Erziehung einsetzen soll, kann gar nicht früh genug gewählt werden. Von den umfangreichen Problemen des großen Gebietes der Erziehungsfragen, die hierbei erörtert werden könnten, kann dem Rahmen dieser Abhandlung entsprechend nur ein kleiner Teil gestreift werden. Das Elternhaus und die Volksschule spielen eine gewaltige Rolle, bedürfen größter Aufmerksamkeit und weitestgehender Unterstützung. Daß im ersten Punkte durch Ausbildung des Kindergartens, der Spielschule und ähnlicher Einrichtungen noch viel geleistet werden kann und viel bisher versäumt worden ist, liegt auf der Hand. Vor allem käme es hier wohl zuerst darauf an, das Interesse der Eltern für diesen Punkt und diese Einrichtung zu wecken. Das einzige Beispiel einer Unterstützung der elterlichen Erziehung wurde in der Fabrikschule der Maschinenfabrik Augsburg-Nürnberg[358]) gefunden.

Die Art der bei uns vorhandenen Volksschule ist seit langem viel angefeindet und als verbesserungsbedürftig hingestellt worden. Dem Unbemittelten ist heute ein Aufstieg fast unmöglich und anderen, die ihn erreichen könnten, ist die in frühestem Alter einsetzende Trennung in die Vorbildung für die verschiedensten Berufe hinderlich. Es mehren sich infolgedessen die Stimmen, die hier eine grundlegende Änderung verlangen und neben der Schulgeldfreiheit, wie sie z. B. in England und Amerika besteht, die sog. Einheitsschule fordern, die sämtliche Kinder aus allen Ständen gemeinsam besuchen und in der für alle derselbe Unterricht erteilt wird. Die Einführung dieser Art des Unterrichts scheint nur noch eine Frage sehr kurzer Zeit zu sein.

Wichtig ist auch, daß der Lehrplan und das Grundprinzip, nach dem unterrichtet wird, eine Änderung erfährt. Bei uns steht zwar auch die Erziehung zum tüchtigen Menschen naturgemäß an erster

[357]) Rieppel, Die Erziehung des Industriearbeiters, Sonderabdruck „Technik und Wirtschaft", 1913, S. 2

[358]) Maschinenfabrik Augsburg-Nürnberg, a. a. O., S. 34.

Stelle; doch scheint das Mittel hierzu, das zur Anwendung kommt, nämlich das Lehren eines umfangreichen positiven Wissens nicht recht geeignet zu sein; die Unbeliebtheit der Schule und die Freude, die ein großer Teil der Kinder bei ihrem Verlassen empfindet, hat nicht zum wenigsten ihren Grund darin. Man sollte es einmal versuchen, von diesem Grundsatz abzugehen, den Kindern eine Menge Gedächtniswissen beizubringen und sollte, wie in Amerika[359]), als oberstes Ziel einsetzen, die Eigenart des Einzelnen mehr zu pflegen und dem Jungen vor allem Lust und Liebe zum Lernen beizubringen, so daß er jede Möglichkeit der Weiterbildung ausnutzen will und ausnutzen kann. Es bedarf hierzu nur einer Weiterentwicklung der bereits in Deutschland vorhandenen guten Ansätze.

An einer Stelle[360]) wird über die jungen Leute mit Beziehung auf den Schulunterricht das harte Urteil gefällt: „Aber wo es darauf ankommt, den eigenen Verstand zu gebrauchen, versagen sie. Die meisten bleiben zeitlebens von fremder Meinung abhängig, namentlich wenn sie gedruckt ist.“ Die Forderung lautet also: weniger Wissen, weniger die Ausbildung des Gedächtnisses, mehr Üben der Denk- und Urteilskraft. Ein größerer Raum ist den sog. Handfertigkeiten einzuräumen, dann wird auch ein Nachteil der jetzigen Erziehungsweise, die Mißachtung körperlicher Arbeit, von selbst verschwinden. Wie weit diese Mißachtung heute schon geht, beweist die Tatsache, daß man dazu greifen muß[361]), Lehrlingen das Gefühl beizubringen, sie seien „Fachschüler“. Nur so sind sie zu einem Eintritt in eine Lehre zu veranlassen. Die große Fülle der hiermit zusammenhängenden Probleme, z. B. daß man mit den Augen auch noch andere Dinge als nur Buchstaben sehen kann, muß der Behandlung an anderer Stelle vorbehalten bleiben. Eine richtig geleitete Volksschulerziehung ist das erste Erfordernis für eine erfolgreiche soziale Versöhnung.

Ein weiterer Punkt, der erörtert werden muß, ist das Alter, bis zu dem die Schule besucht werden soll. Die Anhänger einer Verlängerung der Schulpflicht bis zum 15. Lebensjahre gewinnen stets an Zahl, und wenn man sieht, in welchem Zustande sich oft die 14jährigen Lehrlinge oder jugendlichen Hilfsarbeiter befinden, denen die Anstrengungen eines aufreibenden Berufes zugemutet werden und die daneben möglicherweise noch abends die Fortbildungsschule besuchen sollen, so kann man sich der Einsicht, daß hier durch ein Jahr

---

359) Schuchart, Arbeiter- und Lehrlingserziehung in den Vereinigten Staaten, Werkstattstechnik, 1913, S. 325 f.

360) Schmidt, Die Gestaltung der Volksschule nach den Bedürfnissen der Zeit, Leipzig 1919, S. 11.

361) Götte, a. a. O., 1919, S. 48.

längeren Schulbesuches körperlich und geistig viel gewonnen wäre, nicht verschließen. Der Einwurf, daß der Junge ein Jahr Verdienst verliere, ist weniger schlimm als es zuerst scheint. Von den durch Wegfall der militärischen Dienstpflicht gewonnenen zwei Jahren kann eines nicht besser als zur Verlängerung der Schulpflicht verwendet werden. Zwischen einem 14jährigen und einem 15jährigen Jungen ist doch ein gewaltiger Unterschied. Er ist körperlich kräftiger und geistig ernster. Ein Vorteil ergibt sich dabei auch für die theoretische Ausbildung, da in dem einen Jahr schon eine Menge gelernt werden kann, das sonst der Fortbildungsschule zugefallen wäre. Vorausgesetzt muß dabei werden, daß jeder die Volksschule tatsächlich bis zu Ende besucht und nicht wegen mangelhafter Leistungen eine oder mehrere Klassen wiederholen muß. Bei wem dies der Fall ist, der muß bei der Einstellung als Lehrling besonders sorgfältig auf seine Eignung hin geprüft werden.

Daß die Industrie wegen der besseren Eignung der 15- und 16jährigen Jungen vielfach solche einstellt und sie vorher als Laufbursche verwendet, daß andererseits einige Werke nur durch die Sorge, daß ein Verbummeln eintreten könnte, davon abgehalten werden, die gleiche Einrichtung zu treffen, ist oben ausgeführt worden. Interessant ist, daß man sich auch in England mit dem Gedanken trägt, das schulpflichtige Alter auf 15 Jahre zu erhöhen[362]). In Amerika werden wegen der gesetzlichen Bestimmungen und der geringen Leistungen der jungen Burschen Lehrlinge unter 16 Jahren sehr selten eingestellt[363]), oft sind 17—22 Jahre normal[364]). Ein späterer Eintritt als 15 oder 16 Jahre kommt aber bei uns kaum in Frage, da bei sachgemäßer Behandlung das Interesse für den Beruf in diesem Alter am größten ist. Allerdings muß trotzdem immer die Möglichkeit bestehen, noch später in eine ordnungsmäßige Lehre einzutreten. Die Frage der Berufsberatung, die neuerdings sehr stark in den Vordergrund getreten ist, verdient alle Beachtung und Förderung. Wenn auch mit einer Reform der Volksschule nach oben mitgeteilten Gesichtspunkten ein Fehlgriff in der Berufswahl weniger oft vorkommen wird, so ist doch auf eine systematische sachgemäße Beratung zu achten. Der größte Erfolg ergibt sich wohl, wenn die sämtlichen Jugendlichen eines Bezirkes sich bei ihrer Schulentlassung an eine Zentralstelle wenden, an die die Industrie ihrer-

---

[362]) Vorschlag des Ausschusses des Bord of Trade, Werkzeugmaschine, 1918, S. 369.

[363]) Schuchart, a. a. O., S. 366. Alexander, Die praktische Ausbildung von gelernten Arbeitern und technischen Beamten in der mechanischen Industrie der Vereinigten Staaten von Amerika, Berlin 1914, S. 69.

[364]) Schuchart, a. a. O., S. 370 und 399.

seits ebenfalls herantritt. So ziemlich alles hängt hierbei aber von der Auswahl der richtigen Leute für die Tätigkeit als Berater ab.

Zur Hebung der deutschen Arbeiterschaft spielt neben der Volksschule auch die Fortbildungsschule eine große Rolle. Das hier in Deutschland noch viel zu tun ist, namentlich für die Industrie, wurde oben bei der Besprechung der theoretischen Ausbildung gezeigt. Allerdings darf die Sorge hierfür nicht so weit gehen, daß die praktische Ausbildung daneben vernachlässigt wird; diese ist immer die Grundlage der Lehre und muß es bleiben. Andere Staaten, wie England und Amerika, die viel mehr für die Pflege des Unterrichtes Erwachsener und Heranwachsender tun, können uns gute Vorbilder geben, lehren uns aber gleichzeitig, uns darüber klar zu sein, daß die landläufige Ansicht, Deutschland habe das beste Schulwesen wohl nur für die höheren Schulen, nicht aber für die Bildungsmöglichkeiten des Arbeiters zutrifft[365]).

Wenn auch der Beruf des Lehrlings wie des Arbeiters überhaupt im Vordergrunde des Interesses steht und den Mittelpunkt des gesamten Unterrichtes bilden muß, so darf doch die allgemein menschliche Seite nicht vergessen werden. „Es gilt nicht nur, aus dem Menschen einen Schlosser, sondern aus dem Schlosser einen Menschen zu machen[366]), wie Washington sagte.“ Es gilt, hier die richtige Mitte zu finden, und nur zum Teil kommt dies im Lehrstoff zum Ausdruck, zum andern Teil in der Art und Weise der Unterrichtserteilung. Wie schon oben bei der Besprechung der Volksschule erwähnt, kommt es darauf an, sich mit der Eigenart des Schülers zu befassen und ihn so zu fördern und ihm Lust zum Lernen einzuflösen. Der deutsche Ausschuß für technisches Schulwesen, der sich die verdienstvolle Aufgabe gestellt hat[367]), einheitliche Grundsätze für die Ausbildung der Facharbeiter aufzustellen, wird dies, unter gebührender Berücksichtigung der angelernten und auch ungelernten Arbeiter, im Auge behalten müssen.

Auch sonst gilt es, dem Arbeiter klar zu machen, und ihn davon zu überzeugen, daß man seine menschlichen Seiten kennt und diese nicht verkümmern lassen will. Die industrielle Entwicklung bringt es mit sich, daß die rein menschlichen Gefühle zurückgestellt und zum Teil unterdrückt werden müssen. Doch ist die Art und Weise und das Maß, in dem dies geschieht, außerordentlich verschieden und kommt im Urteil der Leute über das betreffende Werk bewußt und unbewußt zum Ausdruck und hat zum Teil eine mehr oder weniger große Zufriedenheit zur Folge.

---

[365]) Rieppel, a. a. O., 1913, S. 10.

[366]) Sonderabdruck des Vereins deutscher Ingenieure 148—149, 1914, a. a. O., S. 82.

[367]) Lippart, a. a. O., 1919, S. 8.

Durch sog. soziale Gesetzgebung kann man dies Übel nicht aus der Welt schaffen. Es ist das persönliche Verhältnis von Arbeitgeber zu Arbeitnehmer, das verloren gegangen ist, und dessen Verschwinden durch die Industrialisierung der früheren Handwerke, durch die dann aufgekommene Arbeitsweise und die starke Anhäufung von Menschen an einem Arbeitsplatz begünstigt wurde. Die sozialen Gesetze mit ihrem Eingreifen in die persönlichen Verhältnisse können dies nicht ändern, so groß der von ihnen gestiftete Nutzen auch sein mag und so sehr sie die Form eines Almosens, das an die Arbeiter verteilt wird, vermeiden wollen.

Auswahl der Besten, Ausscheiden der Untüchtigen. Der beste Weg, hier Abhilfe zu schaffen, liegt wohl darin, daß man dem Arbeiter viel Möglichkeiten, vorwärts zu kommen, offen hält, eine Frage, in der wir von Amerika, dem klassischen Lande des Individualismus, manches lernen könnten. Allerdings ist sich auch in Amerika, oft im Gegensatz zu uns, der einfachste Mann bewußt, daß er nur durch Arbeit leben kann, und daß diese Arbeit um so größer sein muß, je mehr er vorankommen will.

Über die amerikanischen Einrichtungen, deren teilweise Nachahmung bei uns erwünscht wäre, wird gesagt:

„In keinem Lande der Welt wird die Nation so viel und so systematisch außerhalb der Schule unterrichtet wie in Amerika, und die tausend Gestaltungen, in denen der Volksunterricht für die Erwachsenen organisiert ist, stehen als beredte Zeugen des unermüdlichen persönlichen Fortbildungstriebes. Abendschulen und Sommerschulen, Volksschulausbildungskurse und Vortragsinstitute, Vereinsklassen und Debattierklubs ergänzen einander, und wer das alles ausließe, der würde nie das rechte Bild der amerikanischen Kultur gewinnen. Der Hintergrund für alles aber ist das gewaltige Bücherregal der Nation, von dem auch der Ärmste die letzten Bücher herunternehmen und in behaglicher Umgebung studieren kann. Die Volksbibliothek, zusammen mit der beispiellos entwickelten Zeitungs- und Magazinliteratur, dringt in der Tat zum ganzen Volke und wäre doch nie so gewachsen, wenn nicht der Bildungsdrang tief in diesem Menschen steckte.“ Vor allem das Bibliothekswesen, aber auch die anderen Einrichtungen bedürfen einer großen Beachtung in Deutschland.

Erst langsam findet bei uns die Forderung nach Schaffung einer hochstehenden Fachzeitschrift Unterstützung. Viel, unendlich viel muß hier noch getan werden, da der Arbeiter, vor allem der gute Facharbeiter, ein großes Bedürfnis danach hat. Daneben ist das neuerdings immer mehr sich ausbreitende Verfahren, durch Werkzeitungen das Interesse der Leute zu wecken und wachzuhalten, die

Kenntnisse zu heben, sowie das Zusammengehörigkeitsgefühl zu stärken, als außerordentlich nutzbringend zu begrüßen.

Wenn man dem Arbeiter große Möglichkeiten des Vorwärtskommens bietet, dürfte es gelingen, ihm wieder das Gefühl einzuflößen, daß er selbst es ist, der sich sein Schicksal schmiedet, daß nicht alles von oben her für ihn erledigt wird. Man kann der sozialen Gesetzgebung den Nachteil nicht absprechen, daß sie das Verantwortungsgefühl in dem Arbeiter verkümmern läßt. Durch die Aussichten auf Erfolg spornt man die Leute aber an und erhält sie frisch. Es gilt, allen die Möglichkeit zu geben, voranzukommen, die Tüchtigsten und Würdigsten aber immer wieder auszusondern; dazu ist eine Aufhebung der Klassenunterschiede notwendig, und es muß mit dem in Deutschland gebräuchlichen Berechtigungswesen gebrochen werden. Nicht die Abschlußprüfung darf maßgebend sein, die irgendwo und irgendwann einmal abgelegt wurde, sondern das wirklich vorhandene Können, gleichgültig wann, wo und wie es erworben wurde. Es erscheint deshalb angebracht, die Abschlußprüfung an der einen durch eine Aufnahmeprüfung an der anderen Stelle zu ersetzen oder eine Beurteilung über einen langen Zeitraum als Ersatz für die Aufnahmeprüfung anzuwenden.

Für die Beurteilung dürfen nicht nur die Leistungen, möglicherweise sogar nur die auf geisteswissenschaftlichem Gebiete maßgebend sein, sondern es sind auch die Eigenschaften, die die Persönlichkeit ausmachen, zu berücksichtigen. So findet man schon heute, leider nur vereinzelt, Beurteilung über Energie, Initiative, Intelligenz, Beobachtungsgabe, Zuverlässigkeit, Pünktlichkeit, Ordnungssinn, Takt.

Auf diese Weise dürfte man dazu kommen, tatsächlich den Tüchtigen vorwärts zu helfen und den Besten auszuwählen, während andererseits der heute vielfach vorhandene Mißstand abgeschafft würde, daß zum Nachteil derer, die etwas leisteten, die Untüchtigen nicht ausgeschieden, sondern immer weiter mit durchgeschleppt werden. Ein Erfolg für Leistungen ist eben nur möglich in Verbindung mit einem Mißerfolg für solche, die nichts können.

Um eine scharfe Auswahl zu ermöglichen, ist es bei den Lehrlingen notwendig, daß das Angebot an Leuten, die sich zur Lehre melden, groß genug ist, so daß nach Ausscheidung aller Unbrauchbaren, die im Laufe der Zeit stattfindet, trotzdem noch genug Facharbeiter ausgebildet werden. Zur Hebung dieses Angebots wird zunächst eine Aufklärung der Angehörigen über den Beruf, seine Aussichten und seine Bedeutung empfohlen, wobei die Schule wirksam eingreifen kann.

Wirksam ist auch, daß der Lohn, der dem Lehrling gezahlt wird, so hoch ist, daß er dessen Unterhaltungskosten deckt. Auf diese Weise werden die Eltern veranlaßt, ihre Söhne an einer ordnungsmäßigen Lehre teilnehmen zu lassen, die es sonst wegen der Kosten, die heute die Lehrlingsausbildung dem Lehrling selbst verursacht, nicht tun können. In Amerika wird dieses Prinzip der Entlohnung von Lehrlingen mit großem Erfolg durchgeführt[368]).

Während der ganzen Lehrzeit, vor allem aber am Anfang, muß darauf gesehen werden, daß eine scharfe Auslese stattfindet. Eine Unterstützung Tüchtiger findet wohl heute schon manchmal statt. Es kann aber sehr wohl vorkommen, daß sich ein Lehrling trotz seines und seiner Eltern Eifer als unbrauchbar zur Ausbildung zum Facharbeiter erweist. Hierauf wird in der deutschen Maschinenindustrie noch viel zu wenig geachtet, es werden außerordentlich viel ungeeignete Elemente, die wohl gute angelernte oder gute Hilfsarbeiter abgeben, während der ganzen Ausbildung zum Facharbeiter mitgeschleppt zum Schaden der anderen, deren Vorwärtskommen und Ausbildung sie nur hemmen.

Nirgends wurden irgendwelche Bestimmungen darüber gefunden, wann ein Austritt aus dem Lehrvertrag stattzufinden habe und eine Umfrage, wieviel Leute jährlich und überhaupt wegen erwiesener Unbrauchbarkeit von der Fortsetzung der Lehre ausgeschlossen wurden, dürfte ein erschreckend geringes Ergebnis haben. Wegen schlechten Betragens findet man wohl eine Entfernung aus der Schule, wegen geringer Leistung wohl kaum. Ein jederzeit möglicher Rücktritt des Lehrherrn vom Lehrvertrag muß unter allen Umständen gefordert werden und dürfte einen heilsamen Einfluß ausüben, da bereits vor Jahren darüber geklagt wurde, der Lehrling glaube, daß der Lehrherr[369]) eine große Anzahl von Pflichten ihm gegenüber habe, während der Lehrling dem Lehrherrn gegenüber keine Pflichten hat; das ist ja leider zum Teil durch die Entwickelung der Industrie bedingt, daß die Arbeiter das Prinzip verfolgen, möglichst unverantwortlich zu sein.

Dieses Gefühl der Unverantwortlichkeit, verstärkt und großgezogen, die Freude am Beruf und an der Arbeit dagegen mit untergraben zu haben, ist ein Vorwurf, den man der Sozialdemokratie nicht ersparen kann. Daß sie beides nur aus agitatorischen Gründen und mit solchen Mitteln tat, ist ein Fehler, der sich an ihr noch bitter rächen wird, mehr noch, als er es heute bereits tut. Durch die Auswahl der Besten aber und die Möglichkeit des Vorwärtskommens für diese kann hierin Wandel geschaffen werden.

---

[368]) Alexander. a. a. O., S. 70.

[369]) Zentralstelle der Volkswohlfahrt, a. a. O., 1912, S. 417.

Schluß. Zusammenfassung.

Es wurde gezeigt, wie die Verhältnisse für den Arbeiternachwuchs in der deutschen Maschinenindustrie sowohl für die Facharbeiter, als auch für die ungelernten und angelernten Arbeiter, als auch für den Meister liegen und in welcher Richtung sich die Entwickelung in der nächsten Zeit bewegen wird.

Diese Frage bildet aber nur einen Teil der Probleme, die sich für die Industrie ergeben angesichts der schwierigen Lage, in der sich Deutschland heute befindet. Es geht um nichts weniger als um die Existenzmöglichkeit der deutschen Industrie, wobei hier vor allem wieder an die Industrie der Maschine gedacht ist. Mit allen Mitteln muß darnach gestrebt werden, wieder konkurrenzfähig zu werden und Absatzmöglichkeiten im Auslande für unsere fertiggestellten Erzeugnisse zu finden.

Ein Hauptmittel hierzu bildet neben der erörterten Fürsorge für die Ausbildung der Arbeitskräfte eine bis ins einzelne durchdachte und bis zur Grenze des Möglichen getriebenen haushälterischen Verwendung dieser Kräfte. Viel Nutzen kann hierbei eine weitgehende Arbeitsteilung stiften, bei der jeder eine eng umgrenzte Tätigkeit ausübt, die immer wiederkehrt, so daß sich die Fähigkeiten zur Verrichtung einer Arbeit immer mehr vervollkommnen und bis zur Virtuosität steigern. Bei solcher Verwendung wird eine große Zeitersparnis bei der Ausführung der Arbeit eintreten und dadurch eine erhöhte Leistungssteigerung die Folge sein. Diese Arbeitsteilung und Spezialisierung muß aber soweit gehen, daß nicht nur dieselbe Tätigkeit dauernd von einem Manne ausgeübt wird, sondern innerhalb einer Tätigkeit nur wieder ein kleines Teilgebiet, daß z. B. nicht nur ein Hobler dauernd hobelt, sondern daß dieser Hobler an einem ganz bestimmten Werkstück eine ganz bestimmte Fläche hobelt.

Die Folge einer Spezialisierung des einzelnen Arbeiters ist die Arbeitsteilung und Spezialisierung innerhalb der Fabriken, so daß jede von ihnen auch wieder nur ein Spezialgebiet bearbeitet. Innerhalb großer Werke oder Konzerne ist hierbei die Arbeitsteilung auf die einzelnen Betriebe und Werkstätten zu beziehen. Es hätte also die Einrichtung von Spezialfabriken oder die Umwandlung bereits vorhandener in solche in weit stärkerem Maße stattzufinden, als dies bisher der Fall ist.

Eine weitere Folge der Spezialisierung des Arbeiters und der Werke ist, daß man darnach streben wird, gleiche Maschinenelemente gleich auszubilden, so daß selbst für verschiedene oder doch verwandte Gebiete ein und derselbe Teil verwendet werden kann, so daß sich für die Werkstatt nur die Herstellung eines einzigen Teiles ergibt. Die arbeitsparenden Vorzüge dieser Normalisierung sind bekannt; ebenso bekannt ist aber, daß in Deutschland noch viel für die Einführung und Verbreitung dieser Normalisierung getan werden kann und unter dem Druck der Verhältnisse getan werden muß.

Ein weiterer Schritt führt dazu, auch die Arten der hergestellten Maschinen zu verringern, da auch hierdurch viel Arbeit, Zeit und damit Geld gespart werden kann. Die Angewohnheit, auf kleine Sonderwünsche des Bestellers einzugehen, meist Wünsche, deren Erfüllung für die Verwendung der Maschine von gar keiner oder sehr untergeordneter Bedeutung sind, muß verschwinden. Im Interesse einer billigen Werkstattarbeit ist sogar darnach zu streben, für nahverwandte Verrichtungen eine Maschine zu verwenden, sofern sich dies irgendwie mit den Anforderungen an die herzustellende Arbeit vereinbaren läßt. Als Beispiel sei die Vielgestaltigkeit der in den einzelnen Automobilfabriken hergestellten Wagen angeführt. Es kann ohne Schaden eine ganz bedeutende Verringerung der Zahl der verschiedenen Ausführungen auf einige wenige, in der Mitte stehende Typen stattfinden. Auch diese unter dem Namen Typisierung bekannten Bestrebungen bedürfen in der deutschen Maschinenindustrie noch ausgedehntester Aufmerksamkeit und Förderung. Wir können hier von Amerika noch viel lernen

Durch eine systematische gründliche und hochstehende Arbeiterausbildung — daß der Schulung der Techniker und Ingenieure die notwendige Aufmerksamkeit weiterhin zugewendet werden muß, sei nur nebenbei bemerkt —, durch eine auf die Spitze getriebene Unterteilung der Arbeit und die damit zusammenhängende Spezialisierung des Arbeiters und der Fabrik, durch umfangreiche Anwendung von Normalisierung und Typisierung dürfte es möglicherweise gelingen, die Arbeitszeiten für die Herstellung der Erzeugnisse herabzusetzen und so bei hohen Löhnen, die allerdings von der jetzigen schwindelnden Höhe auf normales Maß herabgesetzt werden müssen, und bei hohen Rohstoffkosten doch noch einigermaßen konkurrenzfähig auf dem Weltmarkt zu werden. Nur dann ist es der deutschen Maschinenindustrie möglich, beim Aufbau des neuen Deutschland den ihr gebührenden Platz in der ersten Reihe einzunehmen und mit Erfolg dem Ausland gegenüber zu behaupten.

Literatur.

Altenrath, Das Lehrlingswesen in der Industrie. Berlin 1912.

Alexander, Die praktische Ausbildung von gelernten Arbeitern und technischen Beamten in der mechanischen Industrie der Vereinigten Staaten von Amerika (Verein Deutscher Ingenieure). Berlin 1914.

Barth, Die Ausbildung der Lehrer für die gewerblichen Pflichtschulen (mitg. in Abhandl. und Berichten des Deutschen Ausschusses für technisches Schulwesen, Bd. 3). Leipzig 1912.

Brandt, Die Ausbildung der Formerlehrlinge in Eisengießereien (mitg. in Abhandl. usw. Bd. 3). Leipzig 1912.

Brandt, Lehrlingsausbildung in Eisengießereien (Stahl und Eisen, 1919, Heft 5 und 9). Düsseldorf 1919.

Cölsch, Deutsche Lehrlingspolitik im Handwerk. Tübingen 1909.

Dominikus, Die Fortbildungschule für ungelernte Arbeiter. Berlin 1913.

Diebow, Körperliche Ertüchtigung (mitg. in Abhandl. usw. Bd. 6). Leipzig 1919.

Free, Die Werkschulen der deutschen Industrie (mitg. in Abhandl. usw. Bd. 3). Leipzig 1912.

Friedländer, Der Nachwuchs gelernter Arbeitskräfte in Amerika (Werkstattstechnik). Berlin 1907.

Frölich, Das Lehrlingswesen in der Industrie. Berlin 1912.

Frölich, Die praktische Ausbildung des industriellen Lehrlings der Maschinenindustrie (Abhandl. usw. Bd. 3). Leipzig 1912.

Frölich, Die bisherigen Arbeiten des Arbeitsausschusses für niederes Schulwesen (Abhandl. usw. Bd. 3). Leipzig 1912.

Frölich, Die Gesellenprüfung der Industrielehrlinge (Abhandl. usw. Bd. 6). Leipzig 1919.

Götte, Fachschulen mit Werkstättenbetrieb zur Ausbildung von Arbeitskräften für die Maschinen- und sonstige Eisenindustrie (Abhandl. usw. Bd. 3). Leipzig 1912.

Götte, Mittel zur Förderung des Angebots und der Ausbildung des Nachwuchses für die Facharbeiter der mechanischen Industrie (Abhandl. usw. Bd. 3). Leipzig 1919.

Haumann, Die Ausbildung der Lehrer für Fortbildungsschulen (Abhandl. usw. Bd. 3). Leipzig 1912

Herkner, Die Arbeiterfrage. Berlin 1916.

Jacob, Hauptsysteme der gewerblichen Fortbildungsschulen in Deutschland. Tübingen 1912.

Kerschensteiner, Die gewerbliche Erziehung der deutschen Jugend.

Kerschensteiner, Staatsbürgerliche Erziehung. Erfurt 1917.

Kohlmann, Die Lehrlingsschule der Firma Ludwig Löwe & Cie. Akt.-Ges., Berlin (Werkstattstechnik). 1908.

Kohlmann, Fabrikschulen. Berlin 1911.

Kühne, Die gewerbliche Fortbildungsschule mit besonderer Berücksichtigung des Metallgewerbes und der Industrie der Maschinen und Apparate (Abhandl. usw. Bd. 3). Leipzig 1912.

Kühne, Die Lehrer der gewerblichen Fortbildungsschulen und Werkschulen (Abhandl. usw. Bd. 6). Berlin 1919.

Lippart, Die Ausbildung des Lehrlings in der Werkstätte. Berlin 1912.

Lippart, Bericht über die zukünftigen Erfordernisse der Lehrlingsausbildung in der mechanischen Industrie (Verein deutscher Maschinenbauanstalten). Charlottenburg 1918.

Lippart, Einleitender Bericht über zukünftige Lehrlingsausbildung in der mechanischen Industrie (Abhandl. usw. Bd. 6). Leipzig 1919.

Löwe & Cie., Akt.-Ges. Berlin, Unsere Lehrlingsausbildung. Berlin 1918.

Maschinenfabrik Augsburg-Nürnberg, Jahresbericht über die Schulen. Nürnberg 1918.

Matschoß, Die geistigen Mittel des technischen Fortschritts in den Vereinigten Staaten von Amerika. Berlin 1919.

Matschoß, Werkschule und Lehrlingsausbildung bei der Firma Gebr. Sulzer A.-G. in Winterthur. Berlin (V. D. I.) 1919.

Rieppel, Die Erziehung der Industriearbeiter. Berlin 1913.

Rieppel, Lehrlingsausbildung und Fabrikschulen. Berlin 1911.

Romberg, Die Weiterbildung des industriellen Facharbeiters (Abhandl. usw. Bd. 3). Leipzig 1912.

Schmidt, Die Gestaltung der Volksschule nach den Bedürfnissen der Zeit (Abhandl. usw. Bd. 6). Leipzig 1919.

Schuchart, Arbeiter- und Lehrlingserziehung in den Vereinigten Staaten (Werkstattstechnik). 1913.

Schumann, Die Arbeiter der Daimler Motorengesellschaft Stuttgart-Untertürkheim (mitg. in den Schriften des Vereins für Sozialpolitik). Leipzig 1911.

Schwarze, Das Lehrlingswesen der preußisch-hessischen Staatseisenbahnverwaltung (Abhandl. usw. Bd. 6). Leipzig 1919.

Sombart, Der moderne Kapitalismus. Leipzig 1916.

Sorer, Auslese und Anpassung in einer Wiener Maschinenfabrik (mitg. in den Schriften des Vereins für Sozialpolitik). Leipzig 1911.

Stolzenberg, Austausch gelernter Lehrlinge (Werkstattstechnik). 1913.

Stolzenberg, Werkschulen (Abhandl. usw. Bd. 6). Leipzig 1919.

Sulzer, Ausbildung von Lehrlingen bei Gebr. Sulzer in Winterthur und Ludwigshafen a. Rh. (Technik und Wirtschaft). 1911.

Taylor-Wallichs, Die Betriebsleitung. Berlin 1914.

Thomae, Berufsberatung für den Nachwuchs der Industriefacharbeiter (Abhandl. usw. Bd. 6). Leipzig 1919.

Utzinger, Praktische Durchführung der Ausbildung in der Werkstatt (Abhandl. usw. Bd. 6). Leipzig 1919.

Voß, v., Zur Frage der Ausbildung von Lehrlingen für die Großindustrie (Werkstattstechnik). 1911.

Wagner, Die Weiterbildung der Facharbeiter im Maschinenbau (Abhandl. usw. Bd. 6). Leipzig 1919.

Wolfart, Die Heranbildung gelernter Arbeiterinnen bei der Firma R. Bosch Akt.-Ges., Stuttgart (Verein Deutscher Ingenieure). 1917.

Abhandlungen und Berichte, Bd. 3, des Deutschen Ausschusses für technisches Schulwesen. Leipzig 1912 enthaltend: Barth, Brandt, Free, Frölich, Frölich, Götte, Haumann, Kühne, Romberg. — Bd. 6. Leipzig 1919 enthaltend: Brandt, Diebow, Frölich, Götte, Kühne, Lippart, Schmidt, Schwarze, Stolzenberg, Thomae, Utzinger, Wagner,

Bericht des vom Board of Trade ernannten Ausschusses für die Arbeiterausbildung nach dem Kriege (Werkzeugmaschine). 1918.

Gesellschaft für soziale Reform, Schriften der, Bd. 4, Heft 1—8. Die jugendlichen Arbeiter in Deutschland.

Handelskammer Düsseldorf, Denkschrift der Handelskammern zu Arnsberg usw. bearbeitet von der Handelskammer zu Düsseldorf über: Beiträge der Industrie zu den Kosten der Handwerksausbildung und Handwerkerwohlfahrtspflege. Düsseldorf 1908.

Jahresbericht der städtischen gewerblichen Fortbildungsschule. Duisburg 1911/14.

Jahresbericht der gewerblichen Fortbildungsschule. Barmen 1911/12.

Jahresbericht der gewerblichen Fortbildungsschule. Hagen 1915/16.

Jahresbericht der gewerblichen Fortbildungsschule. Hagen 1916/17.

Jahresbericht der gewerblichen Fortbildungsschule. Mülheim a. d. Ruhr 1912/13.

Jahresbericht der gewerblichen Fortbildungsschule. Mülheim a. d. Ruhr 1913/14.

Jahresbericht der gewerblichen Fortbildungsschule. Gelsenkirchen 1914/15.

Jahresbericht der gewerblichen Fortbildungsschule. Gelsenkirchen 1915/16.

Jahresbericht der städtischen gewerblichen Fortbildungsschule. Solingen 1914.

Jahresbericht der Fachschule für Handwerk und Industrie. Düsseldorf 1913/14.

Vierter gemeinsamer Jahresbericht der gewerblichen Fortbildungsschulen des rheinisch-westfälischen Industriebezirks. 1912.

Sechster gemeinsamer Jahresbericht der gewerblichen Fortbildungsschulen des rheinisch-westfälischen Industriebezirks. 1914.

Schriften des Vereins für Sozialpolitik über Auslese und Anpassung der Arbeiter enthaltend Schumann und Sorer.

Sitzungsbericht des Deutschen Ausschusses für technisches Schulwesen. Vom 21. April 1911.

Sitzungsbericht des Deutschen Ausschusses für technisches Schulwesen. Vom 9. Dezember 1911.

Versammlungsbericht der Zentralstelle für Volkswohlfahrt. Berlin 1912.

Das Lehrlingswesen der preußisch-hessischen Staatseisenbahnverwaltung unter Berücksichtigung der Lehrlingsverhältnisse in Handwerks- und Fabrikbetrieben. Ein Handbuch von Dr.-Ing. **Bruno Schwarze**, Regierungsbaumeister. Mit 56 Abbildungen. Gebunden Preis M. 18.—

Fabrikschulen. Eine Anleitung zur Gründung, Einrichtung und Verwaltung von Fortbildungsschulen für Lehrlinge und jugendliche Arbeiter. Von **Curt Kohlmann**, Köln. Preis M. 3.60

Der Fabrikbetrieb. Praktische Anleitungen zur Anlage und Verwaltung von Maschinenfabriken und ähnlichen Betrieben sowie zur Kalkulation und Lohnverrechnung. Von **Albert Ballewski.** Dritte, vermehrte und verbesserte Auflage bearbeitet von **C. M. Lewin**, beratender Ingenieur für Fabrikorganisation in Berlin. Zweiter, unveränderter Neudruck. Gebunden Preis M. 10.—

Grundlagen der Fabrikorganisation. Von Dr.-Ing. **Ewald Sachsenberg.** Zweite, verbesserte Auflage. Mit zahlreichen Formularen und Beispielen. Gebunden Preis M. 11.—

Einführung in die Organisation von Maschinenfabriken unter besonderer Berücksichtigung der Selbstkostenberechnung. Von Dipl.-Ing. **Friedrich Meyenberg**, Berlin. Zweite, durchgesehene und erweiterte Auflage. Gebunden Preis M. 10.—

Grundlagen der Betriebsrechnung in Maschinenbauanstalten. Von **Herbert Peiser**, Direktor der Berlin-Anhaltischen-Maschinenbau-Aktien-Gesellschaft. Preis M. 6.—; gebunden M. 7.60

Fabrikorganisation, Fabrikbuchführung und Selbstkostenberechnung der Firma Ludw. Loewe & Co., A.-G. in Berlin. Mit Genehmigung der Direktion zusammengestellt und erläutert von **J. Lilienthal.** Mit einem Vorwort von Dr.-Ing. **G. Schlesinger**, Professor an der Technischen Hochschule zu Berlin. Zweite, durchgesehene und vermehrte Auflage. Zweiter, unveränderter Neudruck. Gebunden Preis M. 22.—

Selbstkostenberechnung im Maschinenbau. Zusammenstellung und kritische Beleuchtung bewährter Methoden mit praktischen Beispielen. Von Dr.-Ing. **Georg Schlesinger**, Professor an der Technischen Hochschule Charlottenburg. Mit 110 Abbildungen und Vordrucken im Text. Unveränderter Neudruck. Gebunden Preis M. 18.—

Hierzu Teuerungszuschläge

Verlag von Julius Springer in Berlin W 9

Die Betriebsleitung, insbesondere der Werkstätten. Von **Fred. W. Taylor,** Philadelphia. Autor. deutsche Bearbeitung der Schrift: „Shop management“. Von **A. Wallichs,** Professor an der Technischen Hochschule in Aachen. Dritte, vermehrte Auflage mit 26 Abbildungen und 2 Zahlentafeln. Dritter, unveränderter Neudruck.
Gebunden Preis M. 20.—

Aus der Praxis des Taylor-Systems mit eingehender Beschreibung seiner Anwendung bei der Tabor Manufacturing Company in Philadelphia. Von Dipl.-Ing. **Rudolf Seubert.** Mit 45 Abbildungen und Vordrucken. Vierter, berichtigter Neudruck. Gebunden Preis M. 20.—

Das ABC der wissenschaftlichen Betriebsführung. Primer of Scientific Management by **Frank B. Gilbreth.** Nach dem Amerikanischen frei bearbeitet von Dr. **Colin Roß.** Mit 12 Textabbildungen. Dritter, unveränderter Neudruck. Preis M. 4.60

Grundlagen der Arbeitsorganisation im Betriebe mit besonderer Berücksichtigung der Verkehrstechnik. Von Dr.-Ing. **Johannes Riedel,** Dresden. Mit 12 Textabbildungen. Preis M. 6.—

Die wirtschaftliche Arbeitsweise in den Werkstätten der Maschinenfabriken, ihre Kontrolle und Einführung mit besonderer Berücksichtigung des Taylor-Verfahrens. Von **Adolf Lauffer,** [illegible]ieur in Königsberg i. Pr. Preis M. 4.60

Werkstättenbuchführung für moderne Fabrikbetriebe. Von **C. M. Lewin,** Dipl.-Ing. Zweite, verbesserte Auflage.
Gebunden Preis M. 10.—

Die Betriebsbuchführung einer Werkzeugmaschinenfabrik. Probleme und Lösungen von Dr.-Ing. **Manfred Seng.** Mit 3 Abbildungen und 41 Formularen. Gebunden Preis M. 5.—

Werkstattstechnik. Zeitschrift für Fabrikbetrieb und Herstellungsverfahren. Herausgegeben von Dr.-Ing. **Georg Schlesinger,** Professor an der Technischen Hochschule Berlin. Jährlich 24 Hefte.
Preis vierteljährlich M. 7.50

Hierzu Teuerungszuschläge

GPSR Compliance

The European Union's (EU) General Product Safety Regulation (GPSR) is a set of rules that requires consumer products to be safe and our obligations to ensure this.

If you have any concerns about our products, you can contact us on ProductSafety@springernature.com

In case Publisher is established outside the EU, the EU authorized representative is:

Springer Nature Customer Service Center GmbH
Europaplatz 3
69115 Heidelberg, Germany

Batch number: 10844827

Printed by Printforce, the Netherlands